科学讲义 III

从古腾堡神话到数字化变革，科学的传播

主编 [加]伯纳德·莱特曼（Bernard Lightman）
译者 薛敏侠 王娟 熊华宁 审校 跃钢

A Companion to the History of Science

陕西新华出版
陕西人民出版社

图书在版编目（CIP）数据

科学史讲义.Ⅲ，从古腾堡神话到数字化变革，科学的传播／（加）伯纳德·莱特曼（Bernard Lightman）主编；薛敏侠，王娟，熊华宁译.—西安：陕西人民出版社，2023.6
ISBN 978-7-224-14648-6

Ⅰ.①科… Ⅱ.①伯… ②薛… ③王… ④熊… Ⅲ.①科学史—世界—普及读物 Ⅳ.①G3-49

中国版本图书馆 CIP 数据核字（2022）第 148762 号

著作权合同登记号:图字 25-2022-115

A Companion to the History of Science by Bernard Lightman, ISBN:9781118620779
Copyright © John Wiley & Sons Ltd
All Rights Reserved. Authorized translation from the English language edition published by John Wiley & Sons Limited. Responsibility for the accuracy of the translation rests solely with Shaanxi People's Publishing House and is not the responsibility of John Wiley & Sons Limited. No part of this book may be reproduced in any form without the written permission of the original copyrights holder, John Wiley & Sons Limited.
Copies of this book sold without a Wiley sticker on the cover are unauthorized and illegal.

本书中文简体字版专有翻译出版权由 John Wiley & Sons Ltd. 公司授予陕西人民出版社。未经许可，不得以任何手段和形式复制或抄袭本书内容。
本书封底贴有 Wiley 防伪标签，无标签者不得销售。
版权所有，侵权必究。

出 品 人：	赵小峰	
总 策 划：	关　宁	
策划编辑：	管中洣	
责任编辑：	管中洣	李　妍
封面设计：	姚肖朋	

科学史讲义Ⅲ：从古腾堡神话到数字化变革，科学的传播

主　　编	［加］伯纳德·莱特曼		
译　　者	薛敏侠	王　娟	熊华宁
出版发行	陕西人民出版社		
	（西安市北大街 147 号　邮编：710003）		
印　　刷	陕西博文印务有限责任公司		
开　　本	880 毫米×1230 毫米　1/32		
印　　张	6.5		
字　　数	153 千字		
版　　次	2023 年 6 月第 1 版		
印　　次	2023 年 6 月第 1 次印刷		
书　　号	ISBN 978-7-224-14648-6		
定　　价	49.00 元		

如有印装质量问题，请与本社联系调换。电话：029-87205094

致 谢

本套书涵盖面广，工作量大，是一项艰苦卓绝而又要求严苛的工程。自从 2012 年着手准备以来，我已向很多同事寻求帮助。在此，我首先要感谢我的同事马里奥·比亚吉利（Mario Biagioli）、达纳·弗莱堡（Dana Freiburger）、克劳斯·亨切尔（Klaus Hentschel）、阿德里安·约翰斯（Adrian Johns）、爱德华·琼斯-伊姆霍特普（Edward Jones-Imhotep）、达里恩·勒乌（Daryn Lehoux）、丽莎·罗伯茨（Lissa Roberts）、格蕾丝·沈（Grace Shen）和拉里·斯图亚特（Larry Stewart），他们就撰稿人的人选提出了建议。我还要感谢大卫·利文斯通（David Livingstone）、艾莉森·莫里森-洛（Alison Morrison-Low）、塔西·菲利普森（Tacye Phillipson）和克劳斯·施陶伯曼（Klaus Staubermann）等几位同事，他们不仅推荐了撰稿人，还帮助我构思了本书某些部分的内容；尤其要感谢凯蒂·安德森（Katey Anderson）、珍妮特·布朗（Janet Browne）、詹姆斯·埃尔威克（James Elwick）和鲍勃·韦斯特曼（Bob Westman），他们为本书的结构布局建言献策。这是一项高难度任务，再次感谢他们。

然后，我要感谢几位学者，他们是我的"非官方"顾问，我曾让他们面对很多疑难问题。在整个工作中，利巴·陶布（Liba Taub）鼎力相助，她负责"科学仪器与设备"那一部分，那是我知之甚少的领域；罗伯特·科勒（Robert Kohler）和林恩·尼哈特（Lynn Nyhart）就本书结构和其他众多难题提出了合理建议。而当撰稿人不确定亚洲、南美洲或非洲的科学发展史实时，索尼娅·布伦杰斯（Sonja Brentjes）为我提出了中肯的建议！最后，要感谢安妮（Anne）和吉姆·西科德（Jim Secord），我是在与他们共进晚餐时确定了本书的基本结构的。

在整个工作过程中，我深深地感受到，威立出版社的编辑组织有序、务实高效，是非常令人愉快的合作者。在此，我要感谢萨利·库珀（Sally Cooper）、泰萨·哈维（Tessa Harvey）、乔治娜·科尔比（Georgina Coleby）和凯伦·希尔德（Karen Shield）为这个项目提供的全程指导。还要感谢亚力克·麦考利（Alec McAulay），他是一位出色的文案编辑，以及沙丽妮·夏尔马（Shalini Sharma），她在出版制作的管理方面表现出了极高的职业修养。

我最大的亏欠是对我的妻子默尔，我们结婚近40年了，是她的爱支撑着我度过了风风雨雨，我们同甘共苦，相伴至今，谨以此书献给她。

序 言

伯纳德·莱特曼

如今,对于世界上那些生活在工业化地区的人们,一个无可争议的事实是,我们的生活深受科学的影响。在日常生活中,科技发明无处不在,已经成为我们赖以生存的基础。此外,我们也已经看到,科学是如何改变我们的生活和工作环境的。我们需要通过科学来调解与自然的关系;我们的思维方式得益于科学理念;而我们的文化也深受科学的浸润。例如,将斯蒂芬·霍金、艾伦·图灵和阿尔伯特·爱因斯坦等科学家丰富多彩的生活搬上了银幕;进化论、外星生命的有无、气候变化的危险、现代科学家的权威等科学热点问题也经常出现在各类媒体上。那么,这些社会现象在历史进程中是如何发生的?又是在何时发生的?从历史角度看,科学并不总是人类文化的核心,那么一旦科学占据了核心地位,是否具有更大的社会意义?这些都是科学史学家所要研究的问题。

在过去的 35 年中,科学史研究因逐渐采用新的史学方法而发生了变化。以前科学史的研究重点是像伽利略和牛顿这样的科学大家所取得的理论进步,但现在这个领域的研究在现代学者们的努力下,已经变得丰富多样、描述深入,地方化色彩更加浓郁。

科学史学家关注的不再仅仅是新科学理论的发现，而是热衷研究科学在实验室以及其他场所的实践方式。许多全新的角色加入我们的故事中，他们中的大多数不再是男性知识精英，而是包括女性以及默默无闻的研究助手、科学普及者和技术工人在内的普通人。同时，科学史学家已将其他领域的许多研究模式整合移植到他们自己的工作中，关注重点扩展到文化研究、传播研究、女性研究、视觉研究以及科学与文学研究等。科学史研究是动态发展的。目前，在学术界已经出现了一些令人兴奋的学术成果。

20世纪80年代和90年代的人们见证了这场重大变革，他们中的一些人甚至是这场变革的贡献者。他们往往会通过一本特别的书或文章得到启发，激励他们以不同的方式看待科学史这一领域，或者帮助他们了解周围世界发生的变化。保罗·福曼于1991年在芝加哥大学科学史期刊上发表了激动人心的宣言："独立而不奉行先验论是科学史的本质。"宣告了科学史学家的研究"准则"。福曼认为科学家的角色和科学史学家的角色截然不同，科学家需要寻求超越，而科学史学家则需要有自己独立的历史判断。因此，科学史学家必须有自己的学科内容，而非按照科学家的步子开展工作。我们不能像几十年前的科学史学家那样屈于从属地位。我们的任务既不是为科学家过去取得的成就歌功颂德，也不是研究按当代标准接受的科学理论。如果我们要了解历史上任何一个时期的科学状况，有时候不得不审视一些现在被认为是边缘科学或伪科学的科学活动。虽然守旧之人认为对颅相学或催眠术的研究是浪费时间，但那些寻求独立的历史学家必须准备好对特定时期的科学给予针对性的理解。我们的工作是将"科学知识"完全历史化。福曼相信科学史学家一直在探索和实现真正的自主知识体系，但他们还没有充分认识到，正在发展的"新"历史正是建立在放弃超越时代背景的理念之上。

福曼代表科学史学家宣布独立，对许多人来说是一个启示。它给出了学科的新研究取向，既令人兴奋，又令人惴惴不安。令人兴奋的是，它针对旧学术研究的一些基本假设做了不同解读，进而提出了一系列全新的议题。例如，在近代早期是否存在一场科学革命导致了现代科学的形成？19世纪真的有"达尔文革命"吗？我们真的能把"进步"的概念作为"科学故事"的主要特征吗？但这些重大问题也令人望而生畏。所有这些问题叠加到一起产生了一个更大的议题：科学史学家到底在研究什么？换言之，难道就没有一个从远古开始、一直延续至今、我们可以称之为"科学"的事物吗？为了获得独立性，我们必须重建科学史学科。因此本套书的目的并不是提供一幅"研究蓝图"，恰恰相反，我们的目的是探索重新定义下的科学史领域的最新发展。

决定本套书的结构并非易事。因为这个结构必须反映自20世纪80年代以来发生的重大史学变迁。书中的每一章必须具有综合性，自成一体，而且要把篇幅限定在中等规模的研究层次上，不介入微观讨论。每一章节应该侧重哪些主题？如何将相关章节组合成一个"部分"？在处理类似问题时，历史学家们一般都会首选编年法。以前的科学史研究也都普遍选用编年法排序，即古代—中世纪—近代早期—18世纪—现代。安德鲁·伊德（Andrew Ede）和莱斯利·科马克（Lesley Cormack）的著作《社会科学史》（*A History of Science in Society*，2004），以及罗纳德·纳伯斯（Ronald Numbers）和大卫·林德伯格（David Lindberg）编辑的八卷本《剑桥科学史》系列（*Cambridge History of Science Series*，

2003）都遵循上述方法。此外，还有很多专门讲述某一特定历史时期科学史的书籍。但在这里我想另辟蹊径，也许编年法与主题相结合是这本书在结构编排上的最佳选择。实际上《劳特里奇现代科学史指南》（*The Routledge Companion to the History of Modern Science*，1990）一书采用的就是这种结构。但是那本书共有67章，而本套书的篇章要少一些。篇幅所限，要涵盖所有关键年代和重要主题几乎不可能。更何况我还希望对主题章节做重点关注。因此，在广泛征求同事们的意见后，我最终决定分四个主题反映当今科学史的核心研究范畴。采用这种结构有助于将本套书的重点从抽象科学理论的发现、时代进步的主题以及特定精英科学家的贡献等方面解脱出来。有些章节也会按比较松散的时间顺序排列，以方便读者追溯事件的发展过程。但主题结构会允许撰稿人跨越传统的年代和地理边界，更加自由地创作。

　　本套书第一卷第一章实际是后面四个主题部分的序言。作者林恩·尼哈特（Lynn Nyhart）对过去35年的科学史史学发展趋势做了细致入微的讨论，凸显了后面四部分内容对科学史学家的重要性。她首先陈述了科学史学家们面对时代变迁，是如何从其他学科借鉴经验的；其次研究了社会建构主义和女权主义学者对科学史的影响，重点强调了科学是如何由多样化的个体（绝不仅仅是男性知识分子）通过复杂的社会过程构建而成。接着，她说明了上述观点如何引导历史学家探索过去的科学活动，或称"科学实践"的本质。审视历史上科学知识的生成为我们开启了一扇新的大门，引导科学史学家们去探索科学交流实践活动，包括科学家之间、科学家和公众之间，以及从本土到全球范围的知识流动。历史上发生的由哲学空想向实践研究的转变，也引发了与科学的物质文化等相关的一些有趣的问题。所以，本套书的四大主题涵盖了科学中的人物与角色、地点与空间、传播与媒介、仪器与设备等方面的内容。

第一部分"科学人物与角色"将分章节探讨从古至今的"科学家"所扮演的各种角色。给"科学家"这个术语加引号，是因为这部分内容将强调"科学家"的概念是如何随着时间的推移而发生巨大变化的。这个表述是英国博物学家威廉·惠威尔于1834年首先提出来的，提及这个术语的文章实际上是对玛丽·萨默维尔（Mary Somerville）《论物质科学的相互关联》（*On the Connexion of the Physical Sciences*，1834）一书的评论。当时，惠威尔的脑海中并没有当今我们所熟悉的"职业科学家"这个概念，他用这个表述来对抗同时代人把科学细分为不同学科的倾向，也是他呼吁"科学统一"和"拒绝专门化"理念的一部分。

惠威尔不太可能将"科学家"一词的含义扩展到不曾分享科学荣誉的技术人员、仪器制造者、工匠或人体实验对象，但鉴于过去科学人物所扮演的不同角色，我们有充分理由将他们囊括在内。如果我们只将这一术语用于指代那些符合当今科学家定义的人，那么有资格担当这个社会角色的人会随着年代的前推越来越少。第一部分内容的目标之一就是让读者了解历史上拥有自然知识的"有识之士"与"凡夫俗子"之间的边界是如何划定的。我们必须结合时空、地域和文化环境去研究与自然知识有特殊关系的那些个人的社会角色。

第二部分"科学地点与空间"研究的是知识的生成地点。无论科学家扮演什么角色，他们都必须在某个特定的地点发挥这一作用。像大卫·利文斯通（David Livingstone）这样的科学历史地理学家就曾强调,"所谓空间并不是社会生活发生时所在的那个孤立'地点',空间并不仅仅是实践发生的舞台,它本身就是人类互动过程中的一个组成部分"。当我们思考知识产生的关键地点,如大学、外工作场或实验室时,我们总是要问,是谁在管理这个空间?它的边界在哪儿?对谁开放?相比之下,关注地点意味着要考虑科学的本土性、区域性和国别特征。如果我们认真对待福曼的宣言,就不会像利文斯通所说的那样,把科学看作是某些超然的实体,没有任何地方环境或偶然的痕迹。相反,我们将建立"科学地理学",揭示科学知识是如何带有地理位置的印记的。

我们将探讨科学知识产生的地点,并且更多地聚焦知识的地方属性。读者会发现,从古至今,知识产生场所的变化之大竟有些令人吃惊。随着时间的推移,即便是大学和天文台这样具有悠久历史的传统科学场所也发生了巨大变化。不过,在16、17世纪,作为科学活动发生地的古老欧洲宫廷却显得特立独行,以后再无类似的翻版出现。而新的科学基地,如科学社团,直到近代才出现。其中一些空间,如实验室和博物馆,一直被历史学家们当作科学重地。而家庭和商业场所这些空间的重要性也是近期才被关注。我们研究开展科学工作的大量地点和空间,正是说明了空间和场所的重要性。

在审视地点因素如何介入知识生成的过程之后,第三部分将重点讨论在不同的科学知识生成点之间的交流传播方式。由于人们在不同的生活环境下接触的事物表现形式不同,所以在交流过程中,传播内容都需要历经翻译和一定形式的转换。吉姆·西科德(Jim Secord)的文章《移动中的知识》(*Knowledge in Transit*, 2004)概述了这种模式的基本轮廓。西科德指出,纯粹聚焦知识产生的地方属性而忽略了知识的流动性，有时候会给历史学家造成困扰。

西科德称，"知识产生得越本地化，越具有特殊性，就越难看出它们是如何流动的"。为了解决这个问题，西科德建议把科学理解为一种交流形式，流动、翻译和传输是交流的核心过程。这意味着科学文献、图像、科学行为和科学研究的对象都应该作为与接收者、生产者以及传播方式相关的交流媒介。

在第三部分"科学传播与媒介"中，作者们讨论了通过不同的媒介，知识在不同地点间的迁移和流动。逐章介绍了手稿、信件、期刊、书籍、教科书、讲义、电影、广播和电视等传播媒介。正在变化中的传播技术也同样受到关注，特别是以印刷品形式出现的传播方式。这些章节讨论了科学家彼此之间以及他们与公众之间的交流途径。在这一部分中，我们本可以设置更多的章节，因为这是 21 世纪以来学术界颇感兴趣的话题，如外工作场研究记录、博物馆目录和实验记录等，都是科学交流的重要手段，而且与具体研究地点相关，但受篇幅所限，我们只能限于介绍最受学者们关注的交流形式。

西科德指出，"历史上几乎所有科学证据都是以物质形式存在的"。期刊、书籍、笔记本、实验仪器、博物学标本和二维模型概莫能外。因此，对科学交流的研究也引导我们走向科学物质文化的研究。

第四部分涉及的是科学工具的讨论，这些工具同样也在科学的产生地之间流通。这部分的各个章节涵盖重要的科学仪器和物质对象，以阐明不断变化的科学实践活动。我们将分章节介绍计时器、测量仪、计算机、记录仪、显微镜、望远镜和分光镜等仪器设备，以及科学家使用的标本、样本采集、图表和三维模型等。

所谓科学的研究对象，实际上是科学家研究的物质，而仪器是研究这些物质对象的工具。几十年来，仪器和研究对象一直是科学史的研究课题。虽然科学史学家们把它们看作是科学物质文化的一部分，但这并不排除我们从认识论的维度关注这些课题。达斯顿（Daston）主编的《科学物品传记》（*Biographies of Scientific Objects*, 2000）一书论述了多种物品，包括梦、原子、怪物、文化、死亡、重心、价值、细胞质颗粒、自我、结核病是如何作为科学研究对象，在历史上出现和消逝的。达斯顿不只对科学的物质研究对象感兴趣，她更想了解物质对象中所包含的重要智力成分。仪器设备其实也有非物质属性，虽然表面上看起来不那么明显。利巴·陶布已经注意到，从20世纪90年代史学界开始将重点转向科学实践的同时，也引发了对科学设备的关注。陶布曾肯定地说，"在很多学科中，都有部分学者对科学的'物质性'越来越感兴趣"。然而，对科学物质属性的迷恋并没有将科学史学家的研究领域局限于物质对象。陶布认为，从事和科学仪器设备相关的研究工作迫使学者们不得不面对如何理解"设备"这个词本身的定义。科学研究的"物质对象"和"研究设备"都具有物质属性和非物质属性。

我们希望通过关注过去与科学相关的"科学人物与角色""科学地点与空间""科学传播与媒介""科学仪器与设备"，能够捕捉到当前在这个领域的学术研究中非常活跃和令人振奋的东西，这一领域仍在不断发展。毫无疑问，在未来，富有进取心的科学史学家将会开发出新的研究分支。

目 录

第一章　手稿：古代文献的历史传承与创新　001

第二章　印刷机：从书是文字载体说起　021

第三章　通信网络：被联通的欧洲与世界　041

第四章　翻译：思想的流传与文明的互鉴　063

第五章　期刊与其他类型出版物：
　　　　学术期刊的历史演变　083

第六章　教科书：经典教科书与科学的进程　103

第七章　科学演讲：科学的普及之路　123

第八章　电影、广播和电视：
　　　　科学普及新工具　143

注　释　167
参考文献　169

第二章

手稿
古代文献的历史传承与创新

【乔伊斯·范·莱文（Joyce van Leeuwen）】

乔伊斯·范·莱文是柏林马克斯普朗克科学史研究所的博士后研究学者。她曾在柏林洪堡大学和斯坦福大学攻读研究生课程，主要研究希腊古文字、图解推理、力学史和近代科学。其著作有《亚里士多德力学：文本与图表》（*The Aristotelian Mechanics: Text and Diagrams*）等。

在印刷术发明之前，知识的交流与传播主要依赖于手写资料。就古代文献的传承而言，中世纪时期的文稿具有极其重要的意义，正是由于这一时期抄写员们所做的杰出工作，我们才有机会在今天仍然能够阅读到这些珍贵的历史记载。在这一章我们将介绍古代手稿的制作步骤以及围绕这些历史资料所做的其他工作，帮助读者了解古文字学和手稿研究的过程。

　　此外，本章还会特别关注科学文稿的传承，讲述手稿中文字和图像说明是如何组合在一起的。虽然文学文稿的抄写目的之一是为了原始文本能够传世长存，不失原型，但我们注意到，科学文稿的抄写员会积极地参与原始文稿的修订改编，力求使之能够吻合当下的时代需求和兴趣。正因为如此，在过去很长的一段时间里，学者们认为它们没有忠实地表达原作者的意图，往往不大愿意采信这些手抄稿。然而，最近的学术研究又有所改变，开始认可这些科学文稿的创新部分。在这种情况下，中世纪手稿中的图像和图表在现代研究中受到了格外关注，因为它们概括性地传递了有关科学文献总体框架的重要信息，阐明了科学知识的应用和转化过程。本章将重点介绍古代科学文稿的历史传承过程，以及它们的希腊文、阿拉伯文和拉丁文副本所做的修订。

文稿的传承

在古代和中世纪书籍使用的诸多书写材料中，使用最多的有三种：莎草纸、畜皮纸和人造纸。莎草纸是由几乎只生长在埃及尼罗河三角洲的纸莎草植物制成的。在制作过程中，从植物的茎上切割两层薄片，交叉叠放在一起制成纸张，制成之后，纸上的纤维依然清晰可见。其中，纸卷上纤维呈水平排列的那一面被用来做书写面。莎草纸是古代使用最广泛的书写材料。但后来和畜皮纸相比，它逐渐失去了优势。到中世纪，畜皮纸已成为最主要的书写材料。

畜皮纸是用经过特殊清洁和平滑处理之后的动物皮制成的。[1]尽管使用动物皮作为书写材料已经有很长的历史，但"畜皮纸"（pergamēnum）这个词却最早出现在公元前2世纪的帕加马（Pergamum）宫廷，并最终演化成为一个被广泛应用的词。畜皮纸的质量既取决于制备工艺，也取决于皮子的类型。一般情况下，年幼的动物，特别是小牛，比母牛、山羊和绵羊等动物更受青睐。由于用畜皮纸制作一本书的成本很高，所以在使用中几乎不会丢弃任何部分，包括有缺陷的部分。因而在一些质量较差的手稿中还能看到皮子上的骨孔。

由于成本高昂，再加上时不时会出现原料短缺的情况，于是又衍生出了一种反复使用畜皮的新方法，那就是将畜皮书上的原有文字刮掉，再写上新的内容。经过这种处理的畜皮纸被称为"再生畜皮纸"，这个词源于希腊单词 palimpsestos，意思是再次刮掉。哪些文字需要刮掉重写可能出自不同的原因，抄写员的个人好恶和对不同文本内容的兴趣显然是其中一个重要因素。如果文本与其所有者没有直接关系，那么被刮掉重写的风险可能会更高些。晦涩难懂或已经过时的作品，如技术文章或法律文本，也属于有较高风险被置换的内容。最令人兴奋的一个例子是"阿基米德重写本"（Archimedes Palimpsest）的发现。这部重写本在科学史上有着极其重要的意义，因为后人是在一本 13 世纪祈祷书的祈祷文下面发现了希腊数学家阿基米德的两本著作《方法论》（Method）和《十四巧板》（Stomachion），以及唯一的希腊语版本《论浮体》（On Floating Bodies）的。现代成像技术，包括光谱成像技术的发展，使得恢复畜皮书重写本的底层文字成为可能。这几部被压在祈祷文下面的阿基米德著作后来由内茨（Netz）、诺埃尔（Noel）、威尔逊（Wilson）和谢尔涅茨卡（Tchernetska）于 2011 年编辑出版。

人造纸是第三种广泛使用的书写材料，它是由中国人在公元 2 世纪初发明的。公元 8 世纪中叶，阿拉伯人从战争中俘虏的中国人那里学会了造纸技术，纸便因此传播到了伊斯兰世界，随后又传入欧洲，从 12 世纪开始纸在欧洲人的生活里变得越来越重要。由于伊斯兰世界引入造纸术的时间较早，因而也解释了为什么与古罗马世界的抄本相比，使用畜皮纸的阿拉伯文文稿相对较少。虽然在造纸术发明之后，畜皮纸的使用迅速减少，但畜皮纸仍然被用于制作具有特殊价值的文稿。阿拉伯世界制造的纸与西欧造纸的不同之处在于它含有很多纤维，而且通常没有打上制造商作为自家产品标识的水印。西方纸张上出现的水印为古文书学家评估手稿的年代和产地提供了重要线索。由于每家造纸厂都使用独特的水印，而且定期更换，所以我们通常能够识别和鉴定纸张的年代，并把误差缩小在30年内。瑞士水印专家查尔斯-莫伊斯·布里凯特（Charles-Moïse Briquet）对水印的研究结果至今仍然是从事手稿研究学者的重要参考资料。

在古代，书籍有两种不同的形式——卷轴和普通抄本。卷轴是最古老的书籍形式，由首尾依次粘在一起的纸构成。通常只有卷轴的内表面会写字，书写和阅读时需要一段一段地展开。而抄本类似于现代的书籍，是由许多纸重叠装订制成。在公元2世纪到4世纪之间，古代文献在历史传承过程中发生了一个重大事件，那就是从卷轴到抄本的转变。所有古代文献都经历了这个巨大转变，在这个过程中，许多比较冷僻的文稿因为没有被抄录成抄本而流传下来，因此造成了相当大的损失。与卷轴相比，抄本有许多优点：在抄本中，每页纸的两面都可以用于书写，这意味着减少了材料的浪费；另外，抄本显然使用起来比卷轴更方便，尤其是读者需要查寻某一特定段落时，抄本比卷轴更容易确定其位置；使用抄本还可以减少纸张的磨损；最后一个优点是，抄本的容量更大，一本书可以包含几个卷轴的内容。对伊斯兰世界而言，卷轴文献并不是很重要，因为从卷轴到抄本的转变基本上在4世纪末就完成了，远远早于伊斯兰教的出现。

在抄本取代卷轴的同一时期，我们也看到了希腊—罗马世界中安色尔体（uncial script）的发展。安色尔体是一种大写字体，在4世纪到8世纪期间盛行。它不仅在《圣经》手稿中特别受青睐，也是文学文本中的常见字体。后来小写字体的发展在书写和阅读时显示出明显的优势，小写字体比大写字体书写速度更快，而且节省空间，这在经济不景气的时期尤为重要，因为当时人们正在为昂贵的畜皮纸寻找更有经济价值的使用方式。另外，在使用了重音符号和标点符号以后，小写字体组成的词汇更方便阅读。在希腊文字中，从 9 世纪开始就使用小写字体。牛津大学博德利图书馆（Bodleian Library）保留着这个时期一份使用小写字体的手稿，手稿里面有古希腊数学家欧几里得（Euclid）的几何学著作《几何原本》。这部手稿是由斯特凡诺斯（Stephanos）在公元 888 年抄写的，也是目前为止最早的希腊手稿之一。在使用拉丁语的西方世界，公元 8 世纪末查理曼大帝统治时期，出现在加洛林王朝（Carolingian）的小写字体也有类似的发展轨迹。这种字体在随后的几个世纪迅速扩展，在 12 世纪之前一直处于主导地位。不过，小写字体并未完全取代早期其他字体的使用。例如，皇家图书馆那些装饰昂贵的藏书（金银装饰版和彩绘版）或宗教礼拜书籍，仍然在使用大写字体。书写形式向小写字体的转变是古代文献历史传承中的又一决定性时刻。一旦大写字体文稿被转抄成小写字体，那些原版文稿便常常被丢弃。这也意味着，那些不够出名的作者和文稿未能有幸迈入小写字体时代，完全从历史传承中消失了。

再来看阿拉伯文字，早期伊斯兰时代通常使用的文字风格称为库法体（Kufic）。这个名词其实包含有多种古代字体，主要用于抄写《古兰经》。由于阿拉伯文没有大小写字母之分，所以伊斯兰世界也就不存在类似的从大写字体到小写字体的过渡。不过我们还是发现了一个类似的历史现象，那就是在 10 世纪到 13 世纪期间比例字体的出现。这种风格的字体含有六种比例体，称为

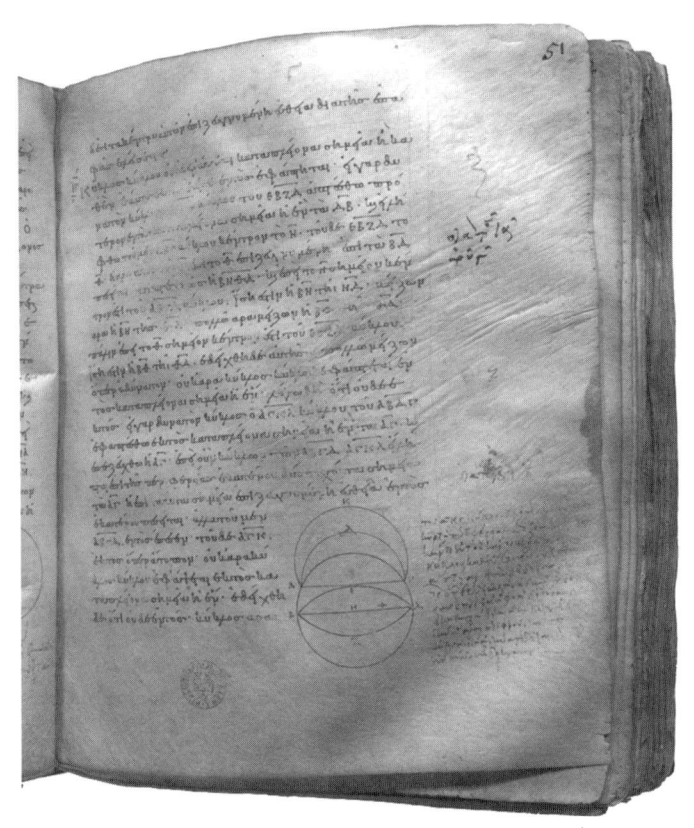

图 1.1　包含欧几里得《几何原本》的希腊手稿，抄写于公元 888 年
（Bodleian Libraries, University of Oxford）

"六笔"（Six Pens）。

在希腊文、拉丁文和阿拉伯文文献中，有许多不同的字体风格和变体，其中有些可以体现一个时期或某些地区的特征。古文字学家可以根据特定的字体对手稿进行精确的年代测定。然而，在测定手稿年代时，古文字学家需要始终保持谨慎的治学态度，因为抄写员经常会模仿更古老的字体风格。还有另外一些手稿特

征，比如手稿前几页或尾页上的标记、信息、署名、售价等，都可以在评估手稿的年代时，提供重要的附加信息。

一般来说，专业抄写员和业余抄写员在抄写质量上是有区别的。前者可以制作出装潢精美、字迹清晰的手稿副本，而后者通常是抄写书籍供个人使用，这一类抄本的特点往往是字迹潦草，并且有大量的更正和注释。因此，手稿的外观和其他质量因素既取决于作者，也关乎谁是读者。许多科学手稿中的插图也同样会受到类似的影响。比如，有些手稿中的插图简单粗略，看得出仅仅用来反映抄写者对相应范本内容的个人理解，而另一些手稿插图则精美绝伦，通常面向的是比较讲究的读者或是像皇家图书馆这样的机构，例如著名的手稿"维也纳底奥斯考理德"，是6世纪底奥斯考理德（Dioscurides）在希腊撰写的《药物学》（*De Materia Medica*）的手抄本。这个抄本是为朱莉娅·阿妮西亚公主（Princess Julia Anicia）制作的，以精美的动植物插图而闻名。这本书在古代被译成多种文字广为流传，例如有拉丁文、叙利亚文和阿拉伯文等。

随着1450年左右欧洲印刷术的发明，人们不再需要抄写手稿。尽管如此，在此后的一段时间内，印刷文稿和手抄本仍同时并存。由于印刷技术在伊斯兰世界的引进相对较晚，所以那个时期伊斯兰手稿的数量要更多。不过，在欧洲发明印刷技术后仅仅几个世纪，这项技术就在伊斯兰世界被大规模使用。

印刷技术的发展使得每一部重要的古代文献都出现了许多不同的印刷版本。这些版本在很大程度上是根据印刷商手头现有的一份或几份手稿印刷完成的，所以，这个流程并不符合古籍编辑的现代标准，因为现有的标准要求，要在对照文稿的所有手稿副本基础上进行补遗、校正，进而才能完成古籍的修订出版。

文献的考证

我们已经了解了影响古代手稿传承的一些重要历史因素。从卷轴到抄本，从大写字体到小写字体，是导致许多古代文献失传的两个关键事件。此外，随着时间的推移，许多书籍都被毁坏了，这样的损毁有时候是偶然的，比如火灾或者霉变，有时候却是人为的，比如天主教会列出禁书清单，予以销毁。另外还有一些小规模破坏书籍的例子。阿基米德重写本就代表了许多手稿的命运，在类似的手稿中，原始文稿被刮掉换上了新的内容。然而，这些回收以后重复利用的手稿并不能作为使用者有目的地损毁书籍的证据。在大多数情况下，销毁掉的是已经过时的文稿，或者是抄写员不感兴趣的书籍。从传承角度看，古代科学文献和古代文学作品的损失率可能有所不同。《荷马史诗》(*Homer's Epics*)在任何时候都能吸引大量的读者，然而对于一本晦涩难懂的天文学著作，情况就不那么乐观了。科技文献被放弃誊抄的风险相对较大，因为科技内容往往会随着时间推移而更新，旧版本也就失去了内容上的价值，尽管对后世而言，它们的历史价值和考古价值非同一般。

古代作品的手稿基本都是后来誊抄的副本，与原稿在时间上相差甚远。几乎没有比 9 世纪更早的手稿遗留至今。有幸流传下来的不同作者的手稿数量不同，这当然有很大的偶然因素，但也有部分原因是在某个时期人们对某些作者可能更感兴趣。现如今流传到我们手里的欧几里得《几何原本》希腊手稿有100多部，这与他自古以来一直大受欢迎有关。现代编辑面临的挑战是如何收集到某一作品现存的所有手稿，然后通过对比和甄别复原原始文献。

文献考证校勘就是通过考察所有相关文字线索来恢复原始文献的。首先，编辑要分析手稿的外部特征。比如从字体是否可以看出手稿是在什么时期写的，幸运的话，甚至可以根据笔迹来辨识抄写员是谁。如果纸张有水印，那么根据水印是否可以发现手稿出自哪里？来自哪一个时期？在进入手稿内容分析之前，对手稿外观的仔细分析就已经能够提供许多需要认真考虑的重要信息。

在收集了一部文献的所有手稿后，编辑将尝试分析这些手稿之间的关系。将每一份手稿与它的抄本或较早版本的文稿进行比对，然后列出一份勘误表。一般来说，抄本会包含与其范本相同的错误，但不排除有些抄写员会对范本错误进行纠正的可能性，当然，抄本也可能会出现一些新的抄写错误。犯有同样错误的抄本可以归为一组，这一步完成以后，便可以总结出手稿之间的远近和从属关系，最终建立一个同文献不同手稿的家谱关系表，它可以明确显示不同版本手稿之间的关系。当然，有许多因素可能会使这种家谱的结构复杂化。事实上，并不是所有的手稿副本都能流传下来，由于有些手稿的缺失，有时候很难确定所有现存手稿之间的精确关系。当然，我们不知道有多少手稿丢失了，也不知道这些遗失的手稿会在手稿家谱中占据什么位置。

串抄型手稿是发生在文献传承过程中的另一种类型。这种抄本汇集了不同来源文献的内容，例如一份手稿同时抄自两个范本，或者当一份手稿在稍后的某个时间做修订时采用的是另一个誊写分支的文本。有时，编辑根本无法追溯这种混合抄写或者修订的行为发生在哪个历史时期，显然这种串抄型手稿也无法在手稿家谱中找到相应的位置。

文献考证的目的是尽最大可能发现或者接近原始文献，也就是说找到最接近原始文献的抄本。考证过程中建立的手稿家谱将揭示哪些手稿对恢复原始文献最为重要。从逻辑上讲，那些在时间上更接近原始文献的手稿出现错误和曲解的情况通常会少一些，因此更有可能反映作者的本意。在考证校勘的过程中，编辑会决定哪些手稿不在考虑之列，而哪些手稿将作为重点参考版本。一般而言，在流传下来文献抄本的每一个誊写分支中，都至少应该采用一份手稿作为参考。

恢复原始文献的下一步是在其不同抄本的不同内容中，决定哪个内容更为真实。在这里，我们可以依靠一些普遍原则作为判断依据，尽管实际情况可能要复杂得多。当抄自同一个遗失范本的大部分手稿在某一部分内容上达成一致时，那么这部分内容很可能就是原始文献中的原始内容。不过，如果原始文献只有两个抄本，而这两个抄本在内容上出现差异，并且没有表现出明显错误的时候，我们便很难确认原始文献的真实内容。考证的另一个依据被称为"阅读困难判据"（lectio difficilior）。一般来说，难以读懂的内容更有可能是真实的内容。这是因为抄写员一般会倾向于去简化一个陌生的单词，而不会把一个简单表述复杂化。

那么经过考证校勘后的文稿最终会是什么样子？一般而言，每页上面的部分是编辑整理后的文稿内容，下面是评注。评注的内容通常包括其他手稿中对同一内容的不同描述，以及编辑或早期学者提出的对被曲解或被串抄内容的推测。编辑会用一个缩写词标示经过考证和重新编辑的手稿，目的是为了在评注文字中节省空间。由于抄本的考证和编纂部分取决于编辑的个人选择，不同的人有不同的取向和好恶，所以，评注可以为那些使用考证手稿的人提供重要的原始资料。许多学者只研究手稿的版本，并不亲自查询核对手稿内容，因此，评注便成了甄别文稿中是否存在曲解或存疑的重要工具。经过考证校勘后，手稿中的有些内容往往有多种不同的解读，在这种情况下，学者们可以自行决定。

近年来，文稿的考证已向大众开放。许多馆藏手稿已经数字化，便于学者查阅。高质量的图像减少了访问图书馆和档案馆的需要，当然，对手稿的实物分析能够获得手稿外部特征的最佳信息，如手稿材质、墨水类型或不同的笔迹。伴随着手稿的数字化，古代文献的数字版本也正在筹备中。

视觉图像

科学文献的一个显著特征是含有许多表格和图像。手稿中的图表有时会嵌在文字之间，占据整页的篇幅，有时图表会放在手稿的空白处，有时图表会被安排在文章的开头。图表与边注或者脚注相同，是对文献中文字的辅助解读。我们能够从图表的质量看出制图（表）者的业务水平。有些图表显然是抄写员的手绘图，绘制粗糙，看得出他们不是很有天赋的绘图员。而另一些图表则是借助圆规和直尺等工具精心绘制的。文稿的抄写员和插图画家并不总是同一个人，特别是在中世纪后期，两者分工明确。抄写员会把抄好的手稿交给插图画家。一些手稿中出现的空白证明了抄写员和插图画家之间的分工，这些空白明显是为插图准备的，但最终疏于用图表填补。

大多数科学手稿都有图表，因为这些图表对于理解文章的主题往往是必不可少的。但令人惊讶的是，现代考证版却几乎只关注手稿中的文字，忽视了表格和图像。有些编辑甚至会把自己制作的图表补充进去，全然不顾及古代传统，用现代思维解释原著。后人做出的手稿评注通常包含来自不同抄本的大量信息，但在图表上几乎没有任何注释。对于阅读古代科学文献现代版本的读者来说，他们并不清楚原始手稿中是否还包含了某个图表，以及它是什么样子的。尽管美国科学史学家奥托·纽格鲍尔（Otto Neugebauer）早在20世纪70年代中期就呼吁对古代手稿里的图表进行评估，但具体实践直到最近才在学术界付诸实施。现在可以看到，古文献考证正在缓慢地加强对图表评注的关注。斯坦福大学教授雷维尔·内茨（Reviel Netz）是在这个方向做出努力的先行者，他研究的是希腊数学著作中文字表述和图表之间的关系。

在科学文献中，文字和图表之间往往有着密切的联系，许多作者明确地引用图表来解释一些原理或几何对象。此外，传统数学中的一个常见做法是在文字中使用字母标识图表。这些字母与图表一一对应，如果没有相应的图表，我们常常无法理解相应的文献内容。所以，如果早期抄本中有难以理解的文字内容，往往意味着这些科学手稿中原本都有插图。然而，这并不意味着在所有情况下都可以确定原始图表的实际内容。虽然可以根据数学手稿中的图表追溯作者生活的时代，但对于那些文字和图像之间联系比较松散的科学文稿来说，情况就不同了。例如，在医学文献中，插图可以用来解释和说明某一医疗过程，但也有可能在理解相应的内容时并不需要图像的辅助。正是在那些表和图像没有被文字具体定义的作品中出现的插图类型最多。当插图画家借用不同手稿版本中的插图时，他们便有可能把图像从原有的领域转换到了新的领域中。有时候抄写员和插图画家也会在抄本中设计新的图像，加入不同的图表，或者采用从其他资料中找到的图表来配合选定的抄本内容。下一节我们将讨论古人在创造性处理科学文献过程中采用的一些图像技巧。

尽管图表在传承的过程中可能会出现许多复杂的情况，但是我们还是能够恢复许多原始文献中的图表。图片考证在很大程度上与文献考证有相似之处，将出现相同错误的抄本归为一组仍然可以作为手稿分组的基本原则。那些有同样图表错误的手稿，十之八九都来自同一个抄写范本。由于每个新的副本都会包含一些额外的错误，一般来说，从时间上离原始文献越久远的抄本图表所包含的缺陷就越多，而与文献内容最匹配的图表当然也最有可能与原始图表相像。对手稿图表进行细致检验的结果也可能会整合出一个家谱。然而，这个家谱与通过文字检验建立的家谱可能会大不相同，因为会有许多因素干扰文字传承与图像传承之间一一对应的关系。因为表格和图像并不总是与文字内容来自同一范本，它们可能是由不同的插图画家彼此独立地引入抄本的，这意味着我们有可能从插图中分辨出不同的绘画传统。由于现存最古老的手稿也和原著相隔了几个世纪之久，所以通常不大可能了解原始的图表和图像到底是什么样子。在处理图表的过程中，人们也应该持续关注在历史传承过程中图表有被刻意修改的可能性。后来的抄写员和评论者可能会添加不同的图表，或者用装饰元素丰富原有的插图。后一种情况更大程度发生在文字和图表的相关性不那么紧密的时候，与之相反，在数学文献中，严格的推理很大程度依赖于在文献内容中精确定义的图表。

最近有些研究就聚焦在古代数学文献的图表上。古代文献中的图表与现代数学著作中的图表有系统性的偏差，它们最显著的特点是比现代图表简陋粗糙。这意味着它们无法精确地描绘几何物体。例如，当文献中定义了一个直角时，我们不能指望在相应的插图中看到一个精确的90度角。因为手绘的古代插图并不一定十分在意图文间的密切相关性，画出的角度仅仅是"示意"而已，这个角度可以画成一个相对准确的直角，但也可能画成了锐角或者钝角。古代的图表并没有把重点放在精确度上，往往只是一些定性描述。另外还有一种可能是配合错误的初始假设做出插图，然后证明假设是错误的。第八页的图便是一个例子。这是欧几里得《几何原本》第三卷的第13个命题。这个命题是说，两个圆无论是从外部还是从内部相接触，其接触点只有一个。这张示意图的目的是为了配合文字所表述的反证法而作，即假设两个圆的接触点可以是两个，这样势必会把其中一个圆画成畸形。[2]古代的制图规则与后来的制图规则有系统性的区别，这是比较和研究科学文献中不同制图技巧的基础，也是研究插图随时间变化而发生功能变化的基础。[3]

传统与创新

前面着重讲述了古代文献的传承过程以及通过考证还原原始文献的方法。尽管在许多抄写过程中保存文稿是主要目的，但它还有另外的目的。古代科学文献传承的一个特点是在每个历史时期文献都会受到一些创造性的处理。科学著作往往不像文学作品那样被整本抄写复制，好多文献是以摘要、简编和选集的形式流传下来的。抄写员和手稿专员会挑选他们最感兴趣的段落，并根据自己所做项目希望达到的具体目标和上下文对选用文献内容进行调整。此外，将科学著作翻译成不同的语言还要涉及许多形式的修改，有些改动是刻意为之，有些是无意间达到的效果。因此，科学文献的传承也会受到内容变化过程的影响。如希腊数学著作的阿拉伯语修订本，还有从加洛林文艺复兴时期（Carolingian Renaissance）流传下来的配合罗马天文学教学体系的抄本。近来，有些学者将注意力从严格的文献学方法移开，暂不考虑后人对手稿的校勘和改动是否曲解原始文献，而是越来越强调将科学文献作为历史创造的一部分，着重分析它们在几百年的历史长河中发生的演变。

这些历史演变不仅发生在文献的文字内容上，也发生在文字与图像的关系中。例如，将图像添加到原本没有插图的文献中，或者根据知识的增加而更改图表。用于绘制奥斯曼帝国地图所采用的方法就很能说明这一点。其中有些地图在复制过程中会得到定期更新，并且不断有新地图补充进来，而另一些地图则保留了它们作为17世纪拉丁文地图翻译版的原样。底奥斯考理德的药理学专著《药物学》的阿拉伯文译本是文献传承的另一个有力证明。这部译本补充了在伊斯兰世界发现的、希腊人不了解的新物种。在翻译过程中，许多植物名称被改编成阿拉伯术语。随着文字修订持续进行，插图也逐渐转换到伊斯兰的社会背景中。在对13世纪阿拉伯手稿中作者肖像的研究中，霍夫曼（Hoffman）发现，插图画家有意将不同的绘画传统结合在一起。在现藏于托普卡帕宫博物馆的一份1229年的阿拉伯文《药物学》中，卷首页有底奥斯考理德的肖像。扉页右侧上的底奥斯考理德画像是用希腊拜占庭风格描绘的，与扉页左侧上伊斯兰风格的学者画像形成了鲜明的对比。插图画家特意将这两种绘画风格融合在一起，强调了这部药典从希腊语到阿拉伯语传承过程中的一个要点：那就是明确地表现出文献来自希腊，但在翻译改编过程中融合了伊斯兰世界的表述方式。

在古代，图像通常可以反映它们的制作背景。古希腊人希波克拉底（Hippocratic）精于关节错位的医治，著有《论关节错位》（*On the Articulations*）一书，古希腊时期为这部书做评注的作者为了说明书中所描述的医疗过程，特别引用了一些相关插图。然而，现有的这篇评注抄本中的插图却无法溯源到古希腊时代。这份评注是从拜占庭时期流传下来的一份手稿中发现的。年代确定的依据就是书中的插图风格。书中一些插图的细节看得出来是后面加进去的，而这些细节很类似于拜占庭风格。手稿中还有其他一些情节显示插图和文字描述并没有什么相关性，说明这些插图不太可能真的出自原文。事实上尽管这些插图并不是原著中本有的内容，但作为后来对原始文献的注释，它们仍然对我们识别拜占庭艺术和文化特征具有指导意义。

分析各种图表的历史渊源对于获取正确的历史见解具有重要意义，这一点可以从数学科学中找到很多实例。早稻田大学学者内森·西多利（Nathan Sidoli）在研究了阿利斯塔克（Aristarchus）[①]

[①] 古希腊著名天文学家。

所著的《论日月的大小和距离》(*On the Sizes and Distances of the Sun and Moon*) 一书的希腊文、阿拉伯文和拉丁文手稿中大量的图表后,曾指出中世纪和近代早期学者对这部书有许多不同的诠释。他以书中的命题 13 作为研究案例,清晰地分辨出书中被特意改变了的文字和图表。这部论著现存最古老的希腊文手稿可以追溯到公元 9 世纪,大约与塔本·本·库拉(Thābit ibn Qurra)编纂完成的阿拉伯文版本是同一时期。塔本的版本具有明显的 9 世纪阿拉伯文的描写风格,同时以创新的语言方式保留了这部希腊数学文献中的精华。在他对《论日月的大小和距离》所做的修订中,不仅对数学表述的文字部分做了修正,而且还在修订本中绘制了新的图表。这部阿拉伯文改编本与近代早期学者们对原著的处理方式不同,它对原来的希腊文表述还有图表都做了改动。而弗雷德里科·科曼迪诺(Frederico Commandino)在 16 世纪将阿利斯塔克的著作翻译成拉丁文,译文基本保留了希腊原著的文字描述部分,但所有的图表都是根据科曼迪诺对数学的理解做了重新绘制。内森·西多利指出,根据各类抄本中被后来学者们加进去的各式各样的插图,可以看出《论日月的大小和距离》一书的历史传承过程,也可以了解这部著作在 9 世纪的巴格达和 16 世纪的意大利的流传使用情况。

  罗马天文学的传承为阐释后人对科学文献的创造性处理方式提供了丰富的素材。在加洛林文艺复兴时期,我们注意到有些天文著作中的插图与文字描述并不匹配。美国历史学家布鲁斯·伊斯特伍德(Bruce Eastwood)很自信地表示,这些图表的改动不应被理解为是对原文的曲解,而是加洛林学者对原著的刻意修改和重新解释,他们修改图表的主要目的是引导读者进一步理解著作的文字表述。这种教育意图在 9 世纪盖乌斯·普林尼《自然史》(Natural History) 一书的改编中也可以看出来。改编本在普林尼的原著中增加了许多说明,并对部分内容做了简化,这些改动都是将这部书作为教材纳入教学框架的举措。正像伊斯特伍德解释的那样,新增添的图表进一步强调和说明了这个动机。因为普林尼在他的原始文稿中并没有利用任何图表做辅助论证,改编本中的插图都是加洛林学者们后加进去的。在 9 世纪的天文学教学中,这些图表作为一种学习内容具有特殊的功能。在 15 世纪后期的一部普林尼著作的抄本中则显示了完全不同的传承过程。这一次,文艺复兴时期的学者乔瓦尼·米兰多拉 (Giovanni Mirandola) 委托他人制作了一本豪华且附有插图的《自然史》复制品,他本人在设计这部作品中发挥了重要作用。书中的一些插图符合这一时期标准的普林尼式图像,但另一些插图则是米兰多拉的个人选择,反映了他的兴趣和学识背景。与普林尼式图表在加洛林文艺复兴时期的科学教学中所发挥的辅助教学功能不同,在米兰多拉的抄本中,我们看到了专为博学的读者而设计的高度精密的插图。

  这些例子说明了古代科学文献的一些历史传承架构。通过考察不同历史背景下的科学文献,当前的手稿研究可以帮助我们了解和鉴赏古代文献,以及认识到在不同历史时期发生的那些创造性的改编和优化。此外,古代文献中文字和图像在不同时期的转换和变化,对于评估历史进程中科学知识的概念和发展变化也起着至关重要的作用。

第二章

印刷机
从书是文字载体说起

【尼克·威尔丁(Nick Wilding)】
尼克·威尔丁是佐治亚州立大学历史学副教授。其著作《伽利略的偶像：詹弗朗西斯科·萨格雷多与知识政治》(*Galileo's Idol: Gianfrancesco Sagredo and the Politics of Knowledge*)获得现代语言学协会奖。

印刷革命中的古腾堡神话

关于印刷术和科学之间的关系，不乏可靠、深入且详尽的探索和研究。它们探讨了近代早期西欧印刷技术发展和科学的变革情况，对其因果关系提出了一系列影响不一的学说。笔者在这里不打算重复或回顾这类研究成果，而把重点放在那些仍然缺乏足够关注的领域，并试图引导后来者在未来的研究中找到最富有前景的方向。笔者特别想要强调的是：从14世纪到21世纪，印刷技术的进步并没有得到足够的重视，对纸张、缩微胶片和数字媒体在科学史上的作用需要更多的研究，而且，印刷品不仅是科学知识的一个载体，更是为科学的发展创造了一个有利条件。

事物的源头总是开展研究的最好切入点。15世纪欧洲印刷革命究竟产生了多大影响，这在很大程度上取决于我们对它的认识，不过这看似也是一个循环逻辑，因为研究者目的明确地把活版印刷的一些基本要素浓墨重笔地写入印刷史中，已经成功塑造了约翰·古腾堡这样一个革命性的典范。1979年伊丽莎白·爱森斯坦（Elizabeth Eistenstein）出版了《印刷机改变世界》（*Printing Press as an Agent of Change*）一书。这部书的要点在于指出了印刷机出现后，知识的保存和传播具有固定性、可复制性和成倍产出的性质。学者们对书中的观点或者接受，或者质疑，或者做出自己的改进。这部著作的一个后续效应是有些研究者不再纠结印刷术的内在"革命"效应，而是转向考察和整理文献中出现的历史证据，从中分析产生实际进步意义的那些历史过程。我们也将加入这个研究方向中来，但首先也许应该重新思考的问题是："古腾堡革命"是否真的发生过？古腾堡发明有何特殊性？

早在14世纪的埃及护身符就是用雕刻好的木块印在纸上的，木块上刻着的大概是一些幻数的平方，这在一定程度上可以看作是当时复杂数学文化的证明。鉴于印刷术的推广从15到18世纪在奥斯曼帝国受到阻滞和推迟，人们推测，基于对书写文法的重视，伊斯兰教或许在当时对印刷术怀有敌意。这些印刷制作的护身符直到近年才引起史学界的关注，而且除了让人有些意外惊喜并感到很有趣之外，它们可能还填补了从中国到欧洲，印刷术传播链中缺失的环节。无论古腾堡是否独立发明了印刷术，有一点应该是清楚的，那就是任何关于印刷术和科学之间关系的论述都不应再从他开始。

古腾堡对普通印刷技术和可重复使用印刷模具之发展所做的贡献，在近几十年也经历了一些修正，尽管在规模相对较小的专业人士圈子里（1500多名印刷专家）也有过一些争论，但对科学史学家的研究几乎没有什么影响。史学界重新检视过古代印刷作坊里的几乎每一个技术环节，现在看来，一些曾经被认为是必不可少的技术环节，在欧洲最早一批印刷书籍中并没有出现过。例如，古腾堡的四十二行《圣经》中的金属字模，很可能并不是出自金属冲压模板，而是由砂模铸造而成，字模上的凹槽也是分开制造的。在早期的金属活字印刷中，铅字和铅字之间并不完全相同，解决这个问题的金属冲压模板技术显然是后来才出现的。

这不仅仅是发明时间推后的问题，还有一个更加惊世骇俗的争论点是：研究发现，在印刷拉丁版《万用词典》的时候，印刷商使用的是一种双线铅条印模，这种印模和后来出现的标准印模并不相同。《万用词典》在1460年、1469年和1472年的三个版本中采用了三种不同的纸张，但印记都出自这种双线印模。我们并不清楚这种印刷方法的具体过程，但一般认为，铅版印刷术直到18世纪才被重新发现和使用。

早期印刷术的发展是间断和非线性的，在木版印刷法大行其道的同时也出现了活字印刷术的使用。基于在印刷技术方面做出的巨大贡献，以及在印刷界中的重要地位，建立了世界上第一家科学出版社的雷格蒙塔努斯（Regiomontanus）一直是印刷史和科学史学家们笔下的英雄。雷格蒙塔努斯的故事不仅是印刷术成功的例证，而且也展示了一位科学著作的作者兼印刷商的精湛技艺。他出品的书籍图文并茂，还有表格，不过表格中的数字都是手工填写的。在印刷革命的历史中，也许人们更感兴趣的故事是1474—1475年木刻重印本日历的出版，这些日历是雷格蒙塔努斯1476年去世后，由汉斯·斯波尔（Hans Sporer）出版的。

印刷术实际上是经过各种实践组合和反复实验完善的一项技术。即使那些成功的实验也未必能够推广成为普遍实践，历史学家所面临的挑战之一就是仅凭古书的印迹尝试推测古人可能的生产方式。许多问题仍然留待解决,而还原历史是圆满解决这些问题的最佳途径。例如,最早印刷几何学书籍使用的技术到目前还没有完全破解。在天文学领域,铅字印刷出现了速度惊人的创新。迈克尔·尚克(Michael Shank)在关于雷格蒙塔努斯的著作中提出,雷格蒙塔努斯不仅印制了自己的作品,而且发明了新技术,建立了一个天文学图解词库,这些图解词汇很快就成为行业标准。尚克研究表明,雷格蒙塔努斯是印刷技术进步的先锋,他用雕刻铜板模具铸造金属板来绘制图表。不过,在这方面,木版印刷法仍然是印制科学插图的常用方法,直到16—21世纪其他图表复制技术出现之后,才逐渐被取代。但我们今天仍然能够感受到木刻印刷在完善科学著作图文并茂过程中的持久效应。

著名的出版商埃哈德·拉特多尔特(Erhard Ratdolt)也曾经有过类似的铅字印刷经历,他不仅继承了雷格蒙塔努斯的制图工艺和采用金属模具装饰段落开头字母的技术,而且还引入了扉页和页面边框的装饰工艺。总的来说,研究图书历史的史学家们很乐于采用印刷技术和印刷机械在技术转化中获得成功的技术实例,反推它们的原始模型。在这里,拉特多尔特的创新就是一个有力的佐证,在他编辑出版的欧几里得的《几何原本》中,有些特殊副本中含有印着金叶的页面,而印刷这个页面用的是之前几十年的一项技术。美国学者伦佐·巴尔达索(Renzo Baldasso)认为,拉特多尔特还采用了雷格蒙塔努斯制作实线表格的技术,使用浸在石膏或铅液中的金属条制作"欧几里得几何线"。这一类没有后续发展并且被暂时忘却的技术在技术史学家看来并不罕见,但书目学家和印刷史学家却在很大程度上依赖于现在能够看到的,用技术革命后幸存的印刷模式来推演历史。遗憾的是技术史学家却无法回答他们需要了解的许多印刷技术上的问题。

使用可复制的金属活字只是印刷技术的一种选择，但却不是最早的选择。活字印刷术的成功需要通过史实来解释，而不能用那些似是而非的故事去解读。韩国、中国和埃及印刷技术伴随着西方造纸技术的进步平行发展，当然也可能是相互影响的发展，值得我们格外关注和认真研究，因为在欧洲技术至上的大环境中，古腾堡仍然是核心人物。

也许印刷生产模式的传播和流动性对于历史研究尚不十分重要。我们现在仍然停留在讨论印刷品数量对文化的影响作用。然而从科学分析角度而言，有些定量结果还有待进一步证实。就拿第一部印刷版的科学著作——卢克莱修（Lucretius）的《物性论》（*De Rerum Natura*）来说，据说是波焦·布拉乔利尼（Poggio Bracciolini）在修道院里发现了这部著作唯一幸存下来的手稿，这个历史事件被看作是人类在黑暗时代追求人文主义光辉的象征。然而，这个故事其实存在不少争议，在波焦发现手稿的那个时期，还有不少卢克莱修的中世纪读者，当然也就不止一份手抄稿存世，而且当时的人文主义环境和抄本文化也会保证手稿能够保存并流传下去。就像有些抄本的旁注中说明的一样，当时制作流传的这部手稿的副本应该有几十部之多。而且可以肯定，后来出版商印制这本书的版本也有很多，说明被他们作为印刷蓝本的手稿远不止一个。话归原题，无论是私人图书馆还是学术机构图书馆的扩张，识字率的上升，以及书籍数量的增加，都可以追溯到古腾堡之前的很长一段历史时期。

从书是文字载体说起

重写"印刷革命史"为科学史带来的影响仍有待观察,譬如,艾森斯坦认为,印刷术带来的变化,引导人类逐渐接受了知识可以用稳固方式保存、可以随意复制的新认识论,并且立刻为科学带来了后续影响。但这个观点受到了文学和文献学界持续和猛烈的抨击。尽管如此,科学史学家并没有立刻追随文学家和文献学家,而是利用新模型对印刷书籍进行审查分析,确定有多少印刷书籍属于真正的科学书籍。这的确令人费解,因为至少半个世纪以来,科学史领域最富有成效和令人振奋的成果之一就是从脱离实际地构想转向了贴合物质实际的工作方式。科学史工作者的常规工作就是研究古代科学的实际操作过程,采用的技术流程、实验应用过程、工艺等。然而与之矛盾的是,这场务实的运动却似乎将书籍作为纯粹的文字载体赋予了更为深刻和理想的功能,反倒不再只是一种文字载体了。甚至当书中的文字和其他物质形式同时出现时,人们往往把书的内容看成是一成不变的信息,不再去追溯文字部分的变化和历史渊源。所以,如果从现代早期开始算起,甚至现代流传下来的任何一种科学遗物,它们都无法与书籍匹敌。因而摆在我们面前的问题是:科学书籍如何才能够回归到它们的原本属性,又如何才能和其他幸存的科学实体一样,重新成为一个并没有特殊身份的普通科学知识载体?

问题的答案一方面是哲学层面的,一方面是技术层面的,尽管二者之间的联系尚不清楚。20 世纪已经从一个由空想思想史描述的世界转移到了物质世界，在这个转变中，许多历史书籍便处在了危险的境地。布鲁诺·拉图尔（Bruno Latour）于1987年提出了"科学铭文"理念，该理念是重新审视科学史上印刷书籍的最有效观点之一，所谓"铭文"是指印刷书籍是科学产品最终面世的一个表征。他认为书籍是可以携带文字和图像、在科学生产的循环过程中形式保持不变的移动媒介。虽然拉图尔对科学生产过程感兴趣，但他把印刷书籍描绘成知识生产最后阶段的不变铭文，似乎正是艾森斯坦认为书籍是知识稳固保存方式的翻版。正是印刷品的不变性，构成了拉图尔理论系统的核心内容。史学界对这个观点有不同的反应，而所有这些反应都有丰富的研究产出。显然最应该做的（但也是最难做的）就是对这些研究成果的"接受"。有些研究结果非常引人注目，比如哈佛大学天文学教授欧文·金格里奇（Owen Gingerich）对哥白尼的《革命论》（*De Revolutionibus*）一书前两版做了读者调查，通过研究书中读者书写的边注，理出来自不同知识圈的读者对这部史籍的历史传承脉络。这是文献学领域从纯技术描述向"文献社会学"发生的一次较大转变。发生和完成这个转变的关键是要在手稿研究中首先制定一条规则，即文本之间关系的背后实际上反映的是社会关系。正如贾丁和格拉夫顿在一篇文章中表明，对读者边注的研究，不仅为历史学家研究读者行为开辟了新途径，而且也取代了空泛且与社会脱节的文本研究模式，而许多知识研究历史恰恰是建立在这样的模式基础上的，剑桥政治理论学派就是其中的代表。

我们也许可以把更多的注意力放在古籍单一版本发行的生产和传播条件上，印刷书籍通常会面临来自各相关方面的围绕铭文发生的分歧和争议，因为编辑、排版、印刷商、赞助人和作者都会各自争取对文稿的控制。其结果往往是在同一版本中出现大量的变动,后人只有通过艰辛的文献学探索才能从书稿上留下的蛛丝马迹中发现和重现当初的争议。我们也可以重新审视拉图尔铭文一词中体现的民族优越感,这个词总是被反复不断地用来表示欧洲的写作习惯和理念,即使当事人试图避免这种偏见时也会如此。在赞颂欧洲技术优越性方面,印刷术起到了关键作用,这是因为在欧洲人讲述的故事中,印刷术是独立自然产生的一项独特技术。即使在近代科学史的很多重要转折变化中,比如开始认识到印刷技术发展的全球混合模式和相互关联性,我们的研究也往往只关注欧洲的图书出版,甚至忽视了出版事业快速全球化的事实。举例来说,1539年,墨西哥有一家欧洲风格的出版社,到1541年,这家出版社已经出版了有关危地马拉地震的论述,紧随其后又出版了关于自然哲学方面的书籍。尽管这样的例子日渐增多,但在科学史文献中却并不多见。

科学书籍的定位

我们或许应该把精力更多地放在实践领域,没必要过多地为寻求科学著作的起源感到烦恼。但如果我们不这样做,又如何从历史的角度定义本章的主题。我们没有必要反复否定19世纪前那些不符合现代标准的科学定义。一种方法是接受历史精英们对科学的定义,看看在大学自然哲学课程中使用了哪些书籍。但也许问题并不在于书籍本身,而在于历史上定义科学书籍所选择的方法。比如说,在近代早期是否真有科学著作?如果有的话,读者是如何认识、界定它们的？提出这类定义所遵循的原则是什么？

探寻这些问题的答案，一个很好的方法是利用书展上的书目。因为几个世纪以来，书目都是最早公布新书名称的媒介，后人收集、翻印这些书目，添加新的注释，将它们作为参考，或者作为购书清单。这些书目不但可以让人一目了然地看出哪些新书或库存书可用于出口或销售，它们还提供了一种粗略的分类法，依照这个方法，我们可以将现在认为应该算是"科学"的那些书籍与当代的科学书籍归为一类。

伽利略的《星际使者》(Sidereus Nuncius)一书是一个很好的例子，因为这本书刚刚经过了一次读者调查。这本书最早出现在1610年复活节法兰克福博览会的书目上，与吉多巴尔多·达尔·蒙特（Guidobaldo Dal Monte）的天文著作一起进行了首展。当时这些书被分在哲学和其他艺术类。列在这个展部的其他书籍还包括马吉尼（Magini）的天文学著作第二版，阿尔德罗瓦尼的博物学著作的重印本，以及布拉赫的天文学著作的重印本。同一展部也有一些现在看来不属于科学类，但从属于广义科学类的书籍，如卡斯帕·巴托林（Caspar Bartholin）的占星术著作，还有一些关于炼金术的著作等。到目前为止，展会书目的类别看起来还算固定，对我们划分科学书籍很有帮助。不过这个类别中的书籍还包括哲学、伦理学、逻辑和辩证法等著作，以及语法、修辞学、教育学、词汇学、年代学、文学，甚至还有《伊索寓言》(Aesop's Fables)，伊拉斯谟的《对话》(Colloquia)和马基雅弗利（Machiavelli）的《战争艺术》(Art of War)。因为没有更细致的分类，我们还无法把哲学类著作和其他艺术类书籍区分开。但有一点我们是清楚的，那就是无论是展会的主办方还是出版商，都不会把这些书和拉丁神学（新教、天主教或加尔文派）、法律、医学、历史、政治、地理、诗歌或者音乐书籍混为一谈，也不会把它们放到德语或方言类书籍的展台上。

那么，还有什么其他手段可以帮助我们寻找和确认那些没有争议的科学书籍呢？对于馆藏图书，我们可以通过印刷、手写或卡片式的目录来寻找书籍的归类线索。例如，弗朗切斯科·巴尔贝里尼（Francesco Barberini）图书馆的书籍目录是按照作者姓名的字母顺序排列的，而且在书目上注明了书架号。当这些藏书在 1902 年捐给梵蒂冈图书馆（Vatican Library）时，目录也相应地做了更新。我们仍以伽利略的《星际使者》为例，这本书最初是与伽利略的另两部著作《试金者》《给大公爵夫人克里斯蒂娜的信》以及开普勒的《与恒星信使的对话》（*Dissertatio cum Nuncio Sidereo*）放在一起的。我们不清楚这样摆放所依据的是作品属性还是当初的购买顺序，其他作者的作品一般不会被刻意放在一起，而伽利略的作品则被集中分为两组，其中一组的代表作是他的《对话录》，另外一组的代表则是《关于两门新科学的对话》。

在牛津大学图书馆，托马斯·海德（Thomas Hyde）的书——四开本（威尼斯版）和八开本（法兰克福版）被错误地分开放置。事实上，这两个开本都是法兰克福版的第二版。其中一本与约翰·迪伊（John Dee）的《普洛普·杜马塔》（*Propædeumata aphoristica*）第二版、约安内斯·默尔修斯（Joannes Meursius）的《管弦乐团》（*Orchestra*）、托马斯·利迪亚特（Thomas Lydiat）的《太阳和月亮周期》和 1648 年版《和平的工具》（*Instrumentum pacis*）放在一起。另一本与开普勒的《与恒星信使的对话》放置在一起。这些作品至少从 1620 年就被标上了同样的书架号放在了一起。很明显，这些例子说明当时图书管理比较混乱，然而早在16世纪就有一些图书馆开始按照科学分类方法管理书籍了。例如，威滕伯格大学图书馆在1536年就按照从希腊语翻译而来的数学、宇宙学和地理学等类别对科学书籍进行分类，而剑桥大学图书馆在1583年就已经有了天文学、宇宙学、几何和算术分类。

这几个例子实际上给出完全不同的科学书籍分类方法。在上面的例子中，开普勒的书归到科学类当然合情合理，但其他书就不是那么回事了。如果审视与《星际使者》装订在一起的书籍，可能会引起类似的困惑和好奇。尼德姆（Needham）曾对83个《星际使者》副本的读者做了研究调查，发现超过四分之一的副本或者仍然与其他作品合订在一起，或者有确凿的证据证明它曾经被编在了合集中。早期的读者以合订本方式处理《星际使者》的方法各不相同，现在已经确认这样的合订本超过了35个版本。在这些合订本中，有9本书不止一次出现，最常见的是弗朗西斯科·西兹（Francesco Sizzi）的《天文学、光学和物理学》，它一共出现在不止9个合订本中，占到总数的10%以上。开普勒的《与恒星信使的对话》和《木星卫星观测叙事》各有2个版本，分别出现在7部合订本和4部合订本中。

值得一提的还有另外几个合订本，我们可以从中了解同时期的读者是如何将《星际使者》与其他作品归为一类的。在帕拉廷（Palatine）图书馆，一份在1700年之后装订的副本中，《星际使者》与一批数学、几何学、天文学、神学、物理学以及军事著作装订在一起。[1] 而奥格斯堡（Augsburg）的那个副本则把《星际使者》和天主教殉教史、矿物学、钱币学和罗马谷物分布志合为一体。有些时候，从合订集内容看得出，编辑其实只是把格式相近和篇幅相仿的作品汇集在了一起。但在很多情况下，辩论和对话集往往是由收藏家和读者自发编辑的，而这些资料可以作为关键依据，判断那些最早接受科学作品的地区。

如果在寻求科学书籍的历史背景时，展会目录、图书馆书目和书籍装订所能提供的信息给出了不同答案，那么我们或许应该去研究这些书籍的"产地"。在这里我们再次借助《星际使者》作为讨论线索。在《星际使者》出版前后的十几年里，作为出版商的托马索·巴格利奥尼（Tommaso Baglioni）曾在几十本书中署下了自己的名字。我们假设科学书籍是由书籍印刷商或由科学出版商出版的，那么，巴格利奥尼显然是这个领域强有力的竞争者之一，他的名字出现在许多航海、农业和医学著作中。不过这里有两个问题：其一是很少有印刷商或出版商仅专注于某一个特殊领域，以至于现代历史学家感到有必要把他们作为一个专有领域的研究对象。当然，有些出版社的确在某些领域颇有声望，但大多数出版商都不是特定领域的出版商。所以，巴格利奥尼的名字也会出现在政治、法律和宗教书籍中。第二个问题是，巴格利奥尼事实上并没有印刷出版《星际使者》，他的名字是其老板——过于激进以至于被逐出教会的印刷商罗伯托·梅耶蒂（Roberto Meietti）的幌子。他在那些年的大部分"出版物"实际上都是重新发行梅耶蒂的库存书。梅耶蒂利用尼科洛·保罗（Niccolò Polo）的印刷作坊印制存在政治争议的小册子，利用各式各样的假名掩饰自己的行踪。根据书目中提供的一些历史证据，我们可以尝试还原印刷《星际使者》那个时代的文化背景，比如在印刷品中反复使用的、用木制刻板印制出来的装饰性图案就是可追踪的线索之一。然而，得出的结论却是：具有类似装饰图案的图书多是一些受诅咒的人写的轻度色情作品和反耶稣会的一些小册子，与科学出版商的代表作相去甚远。

前面列举的事实似乎说明我们很难根据印刷书籍的传播方式来识别和筛选科学书籍，那么，在排版层面是不是会有一些特征呢？在科学著作的出版过程中，图像和表格这样的视觉文化形式有时会备受青睐，但有时候也会备受阻挠。实际上，人们已经花费了大量精力试图重现那些在以前书本中描述的观察结果和实验过程。有充分的证据表明，手稿和印刷书籍文化有效地促进了视觉认识论的发展。从这个角度来看，印刷术的出现并不能代表一个新世界的诞生，而仅仅是使新世界诞生成为可能。例如，伽利略的木星卫星观测笔记后来成了《星际使者》中的一部分，他对印书所用的星图木刻制版做了细致观察研究后，建议出版商把所有这些星体都刻在一块木板上，其中星星描成白色，剩下的部分描成黑色，然后再把它分解成若干片。[2] 伽利略的这番建议值得深究，因为它一方面说明了自然哲学对印刷文化的潜在驱动力，另外，也表明了生产科学书籍所必需的社会和技术协商的过程。然而伽利略的这个建议实际上并没有被采纳，出版商采用了一个移动模型，于是在印制过程中需要标注许多新的星号，并给图像的合成带来了很大的挑战。伽利略白星—黑底的木刻制版似乎是一个不错的解决办法，但是不知道为什么没有被采用，也不知道是谁拒绝了这个方案。出版科学书籍带来的各种技术挑战都已经分别得到了不同程度的研究，但我们仍然缺乏对所有这些问题的综合研究，甚至也没有做到付足够多的比较研究。例如，几何图形的印刷是否比印制乐谱或殉教史更难、成本更高，或者更容易出错？印刷界在多大程度上做到了共享行规，或者共同制定新的规则？什么环境更有利于印刷技术的创新？

影印本与数字化

从技术角度考虑，书籍的非实体化也许要依赖书籍复制模式的转变。根据伯尔尼·迪布纳（Bern Dibner）的《科学先驱》（*Heralds of Science*）和卡特与缪尔（John Carter, Percy Muir）的《印刷与人类思想》（*Printing and the Mind of Man*）等经典研究著作，第一次大规模将科学书籍从印刷模式向其他模式的转变是由里德克斯出版公司（Readex）完成的，他们推出的"科学里程碑"（Landmarks of Science）微缩胶片系列丛书包含近9000本介绍从印刷术开始到19世纪末科学发展历史的书籍和期刊。[3]虽然这样的出版企业可能已经成功地将科学史文献从专业科研机构中扩展到了更广泛的社会领域，但是因为缺乏足够的研究，现在还很难确定这个"科学里程碑"系列的实际意义，像这样的丛书很难编目，也不方便使用，而且其形式甚至可能已经过时了。把这个"科学里程碑"系列数字化可能既快捷也便宜，不过许多机构更热衷于将自己的库藏书籍数字化，作为推广和保护的手段。现在，许多图书馆里的数字化藏书都可以免费索取，已经成为科学史学家从事研究必不可少的工具。随着彩色扫描技术的应用、图像分辨率的提高，我们对古籍原书的特性会有更多的了解。一些出版商和机构仍在寻找从数字化书籍中盈利的机会，其中最有希望的也许是普若凯斯特资讯有限公司（ProQuest）制作的数字化的"早期欧洲图书"（Early European Books），里面包含来自哥本哈根皇家图书馆、佛罗伦萨国家图书馆、荷兰国家图书馆和伦敦惠康图书馆的 2 万多本书籍。尽管有时候我们无法知道数字化以后的文献是出自哪个版本，但"早期欧洲图书"提供了特定副本的目录，而且包含了大量具有历史出处的科学书籍。它能否比"科学里程碑"系列更有生命力，能否和其他类似的数字化系列图书如"早期英文图书在线"（Early English Books Online）、"十八世纪作品在线"（Eighteenth Century Collections Online）和"十九世纪作品在线"（Nineteenth Century Collections Online）等同领风骚还有待观察。但我们应该明白，所有形式的复制品，就像原版印刷品一样，选用复制的通常只是某一个流传下来的副本，而这个被选用的副本不一定是最好的，也不一定是最有趣的。

　　科学史学家已经投入大量精力去组织许多手稿和印刷品的数字化项目，但令人惊讶的是，很少有人思考将人文学科数字化后对学科的影响。我们看待和使用书籍的方式已经毫无疑问地发生了变化，这不仅仅表现在在线访问的出现，而更深刻的变化是我们接受了这种替代模式。高分辨率的数字化古籍无疑提供了更多的阅读乐趣，尤其是作为微缩胶片版的替代产品更见其优越性，不过在这样的媒介转译过程中，也许会遗失掉一些书目证据。有一点是肯定的，书籍数字化本身也是书籍发展历史的一部分，而书籍的生产永无止境。数字化产品不是原始文献的次级替代品，相反，它们完善和改造了原始的实物范本。在媒介转变过程中丢失的很多证据，实际上是一些在我们看来原件上的瑕疵，例如原始抄本显得过于复杂，有修复、重新装订后失真的痕迹。

　　如果认为高分辨率的全彩复印件可能会为史学家提供研究对象的更多线索，这种想法显然不切实际，但这样的副本肯定有助于打破将书籍视为纯文字载体的观念。科学史学的明显趋势之一是将书籍视为一类物品,是人类生活、情感、思考和自我认知的物质世界的一部分。因此,不仅仅是书籍的制作,书籍的使用也一样至关重要。研究科学家的阅读文化就是一个充满前景的领域,尽管新科学用华丽的辞藻说服我们拒用书籍以利于保护自然,但读书已经成为科学家从事科学实践的重要内容。

印刷世界

将书籍物化的哪些方面应该成为科学史的研究目标呢?印刷图像显然是最值得探索的元素之一,伊莎贝尔·潘汀(Isabelle Pantin)在2001年绘制了16世纪几种体裁文献中的占星术人物、地图和图表随时间推移的变化情况。她发现,在天文图像中,木刻和版画都从一开始采用形象符号描绘星座,进而转变成附有神话背景的星图。在这时候,有些木刻图像可能还引入了星际间的距离和星星本身的尺度。因此,《星际使者》中宇宙图的制作不仅仰赖天文望远镜观测和对哥白尼学说的认可与求索,而且还在于使用了木刻星图。针对伽利略的《关于太阳黑子的书信》一书的插图,我们甚至可以从逻辑上推断印刷设备的局限性,在这些插图中,概念性词汇和雕刻精细的图像表现形式将行为描述和事实高度统一起来。因为这部书描述的是太阳的活动规律,所以针对其中的印刷错误,有必要重新审查相应的太阳活动。

正如詹姆斯·西科德(James Secord)和艾德里安·约翰斯(Adrian Johns)指出的那样,更具有决定性的印刷革命应该属于

19世纪从手工印刷到蒸汽印刷的转变，因为这项变革要比古腾堡对印刷术的贡献意义更大。西科德的"通讯工业革命"是一场更广泛的学术运动的一部分，该运动旨在重新审视传播技术、知识生产的政治环境、科学家作者与科学受众之间的关系。在约翰·特雷什（John Tresch）的《浪漫机器》(*The Romantic Machine*)一书中，许多乐器和设备都在力求将新的媒体和表现形式带到生活中来，这样的描写其实并非无心之作。事实上，我们会效仿特雷什的做法，把科学书籍印刷的历史看作是一项仍在继续且美好的实验，而不仅仅是一项技术创新，这项实验以共生的方式同时改变着知识和知识拥有者。

第三章

通信网络
被联通的欧洲与世界

【布莱恩·奥格尔维(Brian Ogilvie)】
布莱恩·奥格尔维是马萨诸塞州阿默斯特大学历史学副教授。出版著作《描述科学:文艺复兴时期的欧洲自然史》(*The Science of Describing: Natural History in Renaissance Europe*, University of Chicago Press, 2006)。主要研究文艺复兴至启蒙运动时期欧洲艺术、科学和宗教中出现的昆虫。目前,他正在撰写《动物系列之蝴蝶文化史》(The Cultural History of the Butterfly for the Animal Series)一书。

对任何做过档案工作的历史学家来说，书信在交流中的作用是显而易见的。而在对科学史上的通信和通信网络做总体描绘的时候，特别是在19世纪许多科学分支出现专业化之前，不能把目光仅仅局限在科学或科学家身上。自然哲学家、自然爱好者、化学家、数学家以及其他探索自然奥秘的人，都是知识和文化交流中的一部分，这个用通信手段连接起来的世界，或者说通信网络，有时候会被人们称为"书信共同体"（Republic of Letters）。

不过，把通信和通信网络进行区分还是颇有必要和具有实际意义的。长期以来，科学家们的交往信件一直都被当作重要的历史资料，但把很多人联系在一起的、在不同历史阶段时而表现松散、时而表现紧密的通信网络，却是在近些年来才成为一个相对独立的研究课题。美国图书馆学学者大卫·克罗尼克（David Kronick）注意到，"网络"这个词早些时候曾被并不严谨地用作通信的同义词，他建议最好将这个术语用于更正式的有组织的通信系统，并采取措施规范这个词的使用。对网络的研究也为识别无形中的学院型学术机构提供了可能性，这样的学院是指一群志同道合的思想者虽然没有组成像现代早期科学院那样的机构形式，但却经常相互联系，频繁交流。

即使对通信网络做简单分析也可能是富于启发的。在一项使用有限数据进行的研究中，彼得·泰勒（Peter Taylor）、迈克尔·霍勒（Michael Hoyler）和大卫·埃文斯（David Evans）仔细研究了欧洲科学家的个人职业发展过程。他们采用动态视角，将研究对象在城市间的迁移作为基本线索，追踪研究他们在不同地方从事科学活动的情况。他们找到了 16 世纪一个以意大利东北部城市帕多瓦（Padua）为主要枢纽，以伦敦—牛津—剑桥为辅的小型科学网络，另外还确定了一个威滕伯格-耶拿（Wittenberg-Jena）组成的双节点网络。而 17 世纪的网络则复杂得多，以帕多瓦、巴黎、莱顿、伦敦和耶拿等城市为枢纽，分别连接起它们周围各自的省级网络，其中一些网络甚至还与不止一个科学大都会有联系。到了 18 世纪，伴随着国家之间疆域概念的强化，我们可以看到帕多瓦和耶拿的衰落，以及柏林和哥廷根的崛起。到 19 世纪，德国占据了欧洲科学网络的主导地位，它的主要枢纽在柏林，此外还有包括伦敦、牛津、剑桥和爱丁堡等城市在内的英国通信网络。

这个分析还远不足以做出最后的结论。因为他们的分析对象仅限于罗伯特·加斯科因（Robert Gascoigne）1987 年发表的《科学史年表》（*Chronology of the History of Science*）中罗列的上千位"顶尖科学家"，他们以世纪为时间单位划分数据，并且只考虑了科学家们因人员流动所带动的交流，未考虑通信或短期走访形式的交流。尽管如此，这项研究也是一个良好的开端，毕竟它不再仅仅将科学限制在"固定空间"，而是从"流动空间"角度来考虑问题了。西班牙社会学家曼努埃尔·卡斯特斯（Manuel Castells）是率先提出"流动空间"这个术语的人，他认为流动空间的基础层面是电子信息网络设施，第二个层面是网络的节点与核心。但在 20 世纪以前，科学流动空间的基本元素是运送信件、标本和人员的邮路、邮局和邮递员（以及从 17 世纪开始的邮政车）。

15 世纪上半叶，米兰的维斯孔蒂（Visconti）公爵在自己的领地内建立了一个常规的邮政通信网络。哈布斯堡王室的统治者在 16 世纪将这一系统扩展到了西欧和中欧，因为他们迫切希望能够在辽阔的管辖范围里保证信息的连接和畅通。与古罗马一般只为官方服务的邮驿（Cursus publicus）不同，现代早期的邮政系统向所有的人提供付费服务。战争和政治动荡会破坏国家的邮政运作，但在 17、18 世纪这 200 年间，邮政系统发展日趋成熟，覆盖面更加广泛，也更加可靠和快捷。法国、英国和其他一些国家很快加入了这个行列，为那些负担得起运输费用的人提供信件和小包裹运送服务。到 1800 年，包括不列颠群岛居民在内的西欧和中欧居民已经可以通过邮政系统在国家之间传送信件，而国家间的邮政协约则确保了国际邮件的流通。

那时候欧洲和世界其他地区之间的通信费用很高，也缺乏保障。殖民强权国家拥有邮政公司组成的通信网络，用于传递官方邮件，这些网络中有部分后来发展成了成熟的全民邮政系统。随着商业的发展，邮政业务也随之不断扩大。美洲新独立的国家在建立国家邮政机构以后，除了和欧洲强权国家签订了邮政协议之外，相互之间也签订了类似的协议。到了 19 世纪下半叶，商业需求促成了国际间的合作，产生了两个国际通信联盟：国际电信联盟（International Telegraph Union，成立于 1865 年）和邮政总联盟（General Postal Union，成立于 1874 年），后者后来改名为万国邮政联盟（Universal Postal Union）。邮政总联盟不仅统一了国际邮费，还致力于解决成员国邮政服务之间发生的争端。

总之，就像科学史的其他部分一样，科学通信网络的发展和扩大与主权国家的历史、殖民地的扩张和剥削史，以及国际冲突与合作的历史密切相关。通信交流造就并维系了国家内部和国际间科学家的合作，在维持科学事业合作者之间情感纽带的过程中促成了他们在思想和物质上的交流。对科学工作者而言，通信交流是介于即时交换看法和最终发表科学成果之间的一个环节，在知识创造中所起的作用都是至关重要的。与此同时，它还提供了一个信息传递机制，使得来自一些非主流科学家的想法有机会传递到学术中心，不过有时候这种局面也会导致贡献者的身份得不到公平认可，利益得不到充分保证。

16—18 世纪的"书信共同体"

现代早期的通信革命为"书信共同体"提供了流动空间。这个"共同体"是一个虚拟的世界，其成员在意识和观念上打破了政治和宗教的界限。书信交换是这个共和体的生命线。术语"书信共同体"的拉丁文表述"Respublica literaria"最早出现在 1417 年，到了 15 世纪末这个术语不仅流行，而且时尚。15 世纪末到 17 世纪初，"书信共同体"一词会依托虚构文学作品，以宣扬朋友之间真诚相待、自由交换思想为主线，常见于那个时候的拉丁语学校的教学内容和各种交流手册中。当然，它的内容同样包含许多描写个人恩怨、宗教冲突和政治冲突等方面的内容。信奉这部作品理念的人即便在个人实践中有违它的部分准则，却不妨碍他们宣扬书中倡导的和平理念。

在 17 世纪，这个以拉丁语为导向的"书信共同体"，实际上却没有以拉丁语作为唯一的语言工具，他们还使用了法语和德语。这时候的"书信共同体"和早期"书信共同体"的一个主要区别是他们有了学术期刊或学术评论。1665 年创刊的《学者》杂志（*Journal des scavans*）和《哲学汇刊》（*Philosophical Transactions*）很快就得到了许多学者的认可。期刊上发表的文章将知识创造者和学习知识的人明显地划分开来。另外这些期刊也有助于强化一个重要的组织观念，那就是质疑和批评是"书信共同体"的基本价值观。

不过，我们不应该在科学人交往的书信和期刊之间划出清晰的界线。即使在有期刊出版的时代，信件仍然是广泛传播和交流思想的手段。18 世纪的撰稿人和文艺批评家梅尔希奥·格林（Melchior Grimm）文采飞扬的书信就是一种广泛传阅的手稿刊物，这些书信向中欧各宫廷介绍了 18 世纪欧洲哲学之都巴黎的知识和文化发展。书写手稿是格林唯一的"出版"形式，他可以借此有效地限制他的用户，从而提高报告在贵族订阅者中的价值。

同样，我们也不应该把书信看作是自成一体、独立于印刷作品流通领域的媒介。实际上书信、书籍和期刊（1665 年以后）是相互依存的。有时候信件会有意或无意地成为印刷品。而且信件的确有自身的鲜明特点，形式直接，有亲和力，并且灵活便捷，这些都是需要技术和资本支持的印刷品无法与之匹敌的。

现代早期"书信共同体"中许多表现突出的科学通信网络已经被发现并纳入科学史研究之中。大多数研究聚焦在个体学者或组织者的通信交流上,学者们倾向于在个体间相互通信的基础上来描述整个交流网络。在一篇有关17世纪摩拉维亚哲学家扬·阿莫斯·科梅纽斯(Jan Amos Comenius)的文章中,捷克哲学家弗拉基米尔·乌尔巴内克(Vladimír Urbánek)提到了马兰·梅森(Marin Mersenne)、塞缪尔·哈特利布(Samuel Hartlib)、路易斯·德·吉尔(Louis de Geer)、米库拉·德拉布(Mikuláš Drabík)等人和科梅纽斯本人组成的通信网络。从乌尔巴内克的描述中可以清楚地看出,在这几个人的通信中,有许多名字会反复出现,这说明他们几个人并不仅仅是一个独立网络中的成员,相反,他们应该是一个范围更加广泛、结构相对松散的通信网络中的几个重要节点。牛津大学历史学教授布罗克利斯(L. Brockliss)在对法国南部城市阿维尼翁的古典主义和自然主义者埃斯普里·卡尔韦(Esprit Calvet)的研究中提到,"18世纪下半叶的'书信共同体'是由数量不定的一些小型'共同体'组成的"。卡尔韦和让-弗朗索瓦·吉耶(Jean-François Séguier)相互通信,而网络中的300多个人中有大约十分之一同时和他们俩有通信交往。不过也有很多和卡尔韦有共同交往对象的学者与他没有任何直接联系。在从16世纪到现在的通信网络中,这样的情形比比皆是。

但是对这些网络的强弱程度和相互关联性的研究还处于起步阶段。目前已经可以确定的是,现代早期"书信共同体"的许多参与者和他们的联系人大多局限于不多的几层连带关系,比如周围亲人或者朋友的朋友,很多人是这些网络中的重要节点。在16

世纪末和17世纪初，弗莱米斯（Flemish）学者卡罗卢斯·克卢修斯（Carolus Clusius）与意大利园艺学家和博物学家之间的通信经常通过维罗纳城（Verona）的吉安·维琴佐·皮内利（Gian Vincenzo Pinelli）传送。17世纪初，法国数学家马兰·梅森（Marin Mersenne）曾经负责协调一个庞大的通信网络，汇集了许多自然哲学和数学领域的创新者。英国皇家学会主席兼《哲学汇刊》编辑亨利·奥尔登堡（Henry Oldenburg），在17世纪后期则扮演了本杰明·富兰克林在18世纪的角色，都是"书信共同体"中为数不多的几位举足轻重的中间人。

这些关键中间人经常要与数百名同行通信。其他普通通信圈子的涉及面可能要小得多。上面提到的卡尔韦大约有300多位特别的通信联络人，但给他写信超过10封以上的只有48人。和其他大多数人一样，其个人通信网中的成员变化不定。尽管如此，有些人之间的通信交流却可能会持续几十年之久。这种情况的出现不仅仅是因为通信双方拥有真正的友谊或共同兴趣，还有一个重要原因是"书信共同体"成员坚持互惠互利的原则。由于公立大学、学院和其他正规科学机构往往对正式成员有性别、社会地位、地点和语言的限制，所以通信网络为妇女、工匠、收藏家和大都市之外的人做出的科学知识贡献提供了非正式沟通交流的渠道。维也纳哈布斯堡和荷兰、比利时、卢森堡的贵族妇女就可以以通信的方式和受过医学训练的博物学家交换外来植物、交流相关知识，男性园艺爱好者也经常通过类似的方式来交流，也有女性与自然哲学和数学研究领域的男性保持通信联系。18世纪的数学家、自然哲学家夏特勒小姐（Émilie du Châtelet）发现，许多男性不愿认同女性是与自己平等的通信联络者，甚至根本不愿意把她们看作是自己的同行。尽管如此，通信网络还是以非正式的形式将许多男性女性融入了科学事业，这个过程一直持续到了19、20世纪。

这种非正式的交流圈有时候也会变得相对正式一些，例如，由费德里科·塞西（Federico Cesi）于1603年在罗马成立的山猫学会（Accademia dei Lincei）将多渠道信息收集作为学院的目标之一，学院章程明确要求学院成员与外界的博学者保持通信联络。1657年成立的蒙特莫学院（Montmor Academy）在正式的章程中规定：如果有机会，每个人都应当与法国和其他国家的学者进行通信，学习了解他们在艺术和科学领域的研究项目和进展情况。

从现代早期"书信共同体"遗留下来的信件有几十万封之多，但这并不是"书信共同体"的全部。在学术领域职业化和专业化之前，大学教育的对象仅限于精英阶层的男性，那时的"书信共同体"规模很小。18世纪初的法国词典编纂人让-皮埃尔·尼斯罗恩（Jean-Pierre Nicéron）在40卷本的《"书信共同体"杰出人物》(*Mémoires pour servir à l'histoire des hommes illustres de la République des lettres*)中罗列了数百人的名单。而克里斯蒂安·戈特利布·乔(Christian Gottlieb Jöcher)的《学者词典》(*Allgemeines Gelehrten-Lexikon*)列出的学者有数千名之多，不过他的名单中包括了古典时期和中世纪的人物。在历史上的任何一个时期，"书信共同体"下属各个科学分支的活跃参与者可以坐满一座大礼堂，甚至可以挤满一个小型体育场。

信息、见解和物质交换

古代书信交流的信息内容和形式多种多样。有的小城镇学者会写信向大城市的信友索要书籍，如果难以获得书籍，他们可能会转而求其次，寻求手工摘抄的可能性。植物学家们会相互交换自家花园里植物或种子的清单，但他们也有可能把这样的清单寄送给"书信共同体"的信友。像金属、宝石和其他自然物品的爱好者们一样，"书信共同体"的信友们也会进行物品交换。

书信也是阐述和诠释知识的一个有效工具。探索自然奥秘的人可以在信中描述他们所观察到的事物，有时候还会在信中画出解释文字内容的草图。维罗纳城的药剂师乔瓦尼·波纳（Giovanni Pona）曾将他攀登巴尔多山（Mount Baldo）的详细观感记录写信寄给了信友卡罗卢斯·克卢修斯，后来克卢修斯对其进行修订，发表在自己的著作《不常见植物史》（*History of Less Common Plants*）中。自然哲学家、数学家、天文学家和化学家则会通过书信讨论和研究理论问题，或者要求信友代为完成一些观察或实验任务。

瑞士医生康拉德·盖斯纳（Conrad Gessner）在他的信函中经常提到在治疗患者时的医学观察结果，以及草药和其他简单药物的疗效。盖斯纳曾经开玩笑地指责那些在信件中忽略添加此类"佐料"的通信联络人，这样做实际上是在强调自己对他们的关注。除了个人观察之外，盖斯纳还利用通信网络收集瘟疫和其他接触性传染病的数据，并鼓励他的信友们相互对比观察结果。这些信函分不同标题收录在盖斯纳的笔记中，为他对各类治疗做出系统阐述提供了依据。

正如荷兰乌得勒支大学教授德克·范·米尔特（Dirk van Miert）所观察到的那样，从 17 世纪的最后二十五年开始，学术期刊和科学学院取代了之前通信承担的部分功能。这些机构和出版单位发表和分发观察报告，提供新书的摘要和评论，并鼓励在自然哲学问题上进行更多的公开交流。尽管如此，私人通信仍然在这些方面发挥着自己独特的作用。有些人则对私人通信的信任程度高于发表作品。以诚相待的朋友之间，理想的沟通方式仍然是书信，而激烈的争论则往往见诸印刷品。

另外，新的科学机构指定有专职的外籍和本会处理通信交往的会员，以促成它们所在的学术中心与世界更多地区之间的书信往来。法国皇家科学院（Académie Royale des Sciences）最初并没有通信会员，但在 17 世纪末期开始任命了一些。科学院在 1699 年进行重组后，正式确定了通信会员的职位，这是到那时为止涉及人数最多的改革，每一位通信会员都被指定由专门的常驻会员负责他们之间的通信。通信会员不一定要经常与科学院通信，但后来的条例规定，通信会员每三年至少要与科学院书信交流一次，否则将被除名，这个周期后来又被缩短至一年。

19 世纪的科学通信

19 世纪的多项变革极大地改变了邮政服务，从而使得科学通信深得其益。其一是 19 世纪 30 年代由英国社会改革家罗兰·希尔（Rowland Hill）提出的对邮政收费和会计核算的改良，这些改良成果在接下来的 20 年里被许多发达国家采纳。其二是邮政总联盟，也就是后来的万国邮政联盟成立，其签署国一致同意负责国外信件在本国的递送。再加上运输技术的发展，比如蒸汽机车、快艇和汽船，都对科学通信产生了巨大影响。

19 世纪 40 到 50 年代，邮寄信件变得更加方便，成本也骤降。和其他邮政机构一样，皇家邮政（Royal Mail）根据邮件纸张数量和传送距离向收件人收取费用。罗兰认为这种制度提高了运输成本，需要烦琐的会计核算，如果邮递员无法找到收件人收取费用，邮递时间将会延迟。他的替代方案是国内邮件只以重量计费，由寄件人支付邮费，这项方案在 1840 年颁布并付诸实施。因为重量在半盎司以下的国内信件邮费只需 1 便士，是以往寄到伦敦以外地区信件费用的四分之一甚至更低（伦敦市内信件邮费折半），所以很多人将其称为"便士邮政"（Penny Post）。

预付邮费的办法迅速传播到英国以外地区，在 19 世纪下半叶得到了普及。这样，在世界不同地方的科学家都可以写信给自己的同行，而不必担心费用。不过，如果地方博物学家都把标本送到诸如查尔斯·达尔文和约瑟夫·胡克等中心地区的专家手中，总费用怕是不少于建造一座大型馆藏之所需。

随着通信变得越来越容易，科学世界中的思想和物质交流不仅在数量上大为增加，而且其重要性也日渐明显。就像英国科学史学家珍妮特·布朗（Janet Browne）指出的那样，新的专业科学机构往往模糊了官方交流与私人交流之间的界限。英国皇家植物园的威廉和约瑟夫·胡克，史密森学会（Smithsonian Institution）的斯宾塞·贝尔德（Spencer Baird），自然历史博物馆的乔治·库维尔（Georges Cuvier），以及其他机构的同行都在使用通信手段来获取科学材料，并为他们的研究工作寻求支持。19 世纪生物学研究的组织者们都在竭尽全力确保其野外探险能够获得可靠的邮政和运输服务。而且，通过写信给著名科学家，一位新的从业者便可能会为自己找到一个出人头地的机会，就像阿尔弗雷德·华莱士一样，他在 1858 年写信给达尔文，请求达尔文帮助自己发表关于物种进化的论文。华莱士的信不是来自英国，而是来自东南亚，它是通过殖民地的通信网络送到英国肯特郡达尔文的家里的。

欧洲与世界

在现代早期通信革命改变西欧和中欧内部通信空间的同时，欧洲各国正在建立政务和商业网络，开始与非洲、亚洲和美洲的部分地区联系起来，其中一些网络非常发达。西班牙在塞维利亚建立了一个商品和信息交换中心，作为马德里和西班牙在美洲及太平洋殖民地行政官员间相互交流的中心。该中心允许下属各大都市的行政官员收集和掌握殖民地的地理、博物学和商业产品的信息。

虽然英帝国缺乏这样一个中央通信中心，但理论上来自大西洋殖民地的船只必须通过设置在合法码头以及后来的通关码头的海关检查后才能放行，再加上伦敦在转口贸易上的中心地位，很大程度上弥补了这个缺陷。17 世纪初，荷兰通过合并两大垄断公司——经营非常成功的荷兰东印度公司和经营不善的西印度公司，商业利益得以大大扩张，致使阿姆斯特丹和其他几个荷兰港口城市成为来自东南亚、开普敦和苏里南等地的信息中心。和西班牙一样，对商业利益的实质控制使得公司行政官员能够有效地审查敏感的和有商业价值的材料，比如乔治·埃伯哈德·鲁普希乌斯（Georg Eberhard Rumphius）的草药知识，在长达半个世纪的时间里都没有对外公开。

传教活动导致耶稣会和其他宗教教派分别创建了远远延伸到欧洲之外的信息网络。耶稣会的传教士们按规定从中国、日本、加拿大和其他地方向位于罗马的教会总部发送报告，其中许多报告获得了公开发表。还有一些信件从形式上看就像是手稿，附有博物样本或者自然现象的观察结果。新教的传教活动往往缺乏统一管理和协调，但也有明显的例外，例如，路德教会（Lutheran Pietist）在全球各地的传教团收集的自然和文化物品，都按计划和要求送到了位于德国萨克森州哈雷市的总部。

现代早期的殖民地信息网络从交流形式上并不单一，它们在很大程度上是截然不同的。正如斯坦福大学历史学教授卡罗琳·温特（Caroline Winterer）观察到的那样，"大西洋世界"的史学概念掩盖了西半球各国在跨越政治和文化边界进行智力交流时遇到的困难。对英裔美国人而言，"书信共同体"实际上的交往对象基本就是英国，甚至干脆就是伦敦。17 世纪，约翰·温斯罗普（John Winthrop）与英国和某些欧洲大陆学者的通信达到了 5000 封，不过这个通信网络被美国康乃狄克大学教授沃尔特·伍德沃德（Walter Woodward）称为"炼金术共同体"。到了 18 世纪后期，伦敦在某些方面似乎成了英国连接各殖民地的关键网络节点。

英裔美国人之所以加入这些网络，是因为大西洋殖民地已经通过邮政服务与伦敦连接在一起。在没有邮政服务的地区，殖民地居民与欧洲的联系就会很弱。圣多明各和法国大都市之间的常规邮政服务直到 1763 年才开通，在此之前，该岛和巴黎之间的科学通信主要依赖于私人运输公司。

欧洲与其殖民地之间早期的现代科学通信，多数情况下是某一欧洲国家与其殖民地之间的交流，交叉交流的情况很少。当然，传教活动是一个例外。从 18 世纪晚期开始，欧洲工业化极大地改变了这种格局。欧洲的工厂需要原材料，这些原料往往来源于殖民地，而生产的产品又要被运往殖民地市场销售。这些双向流动是由殖民列强的军事实力和商业利益共同保障的。因此，从 18 世纪末开始，科学通信领域的格局发生了重大变革。

查尔斯·达尔文在搭乘英国皇家海军"贝格尔号"军舰航行期间和友人们的通信往来，既可以解释在殖民地有通信的机会，也能说明这条邮路的局限性。在 5 年的航程中，达尔文的通信非常多，但是信件的频率受到皇家海军派遣船只和商业邮船运输频次的影响。比如在"贝格尔号"绘制南美洲东海岸地图的那几年时间里，信件交流相对频繁，进入太平洋以后，交流过程就变得既缓慢又不规律。那时候英国和南美洲太平洋海岸之间的通信大约需要 5 个月的时间。此外，邮费昂贵，而且在远航期间，往往需要收件人付费。虽然达尔文的家人负担得起这笔费用，但并不是所有的旅行者都这么幸运。

这些难题困扰殖民地通信者的时间远远长于那些居住在欧洲大都市的同行，而受限于商业和当权者的利益，改进则显得零零碎碎，不成系统。直到 1898 年，英国才把"便士邮政"业务扩展到自己的殖民地，结果在不到 10 年的时间里，帝国邮件的数量翻了一倍还多。那时，万国邮政联盟已在全球范围内实现了国际通信规范化。

万国邮政联盟

商业利益推动了跨国电信和邮政通信国际条约的产生，国际电信联盟和后来改名为万国邮政联盟的邮政总联盟随之应运而生。后者采用共同邮政条约取代了个体国家之间签订的邮政条约。条约规定了成员国之间统一的国际邮费和通过第三国的信件和包裹的固定过境费。1897 年，万国邮政联盟将博物学标本列入了可以邮寄的清单中。虽然战争会偶尔中断邮政业务，但万国邮政联盟简化并加速了科学信息的交流。

科学领域的通信交流在 20 世纪有了进一步的重大变革和发展。一方面，殖民时期和后殖民时期铁路网、蒸汽邮轮和飞机的发展，形成了一个更加密集、快捷的邮政系统，尽管战争时断时续，但邮政系统的运作却越来越顺畅。另一方面，电子通信开始承担了一些邮政通信的功能。虽然电报无法取代内容详尽的信件，但随着电话的普及和话费的降低，电话业务开始占领市场。与书信相比，电话这种即时性强、一般而言没有书面记录的交流方式，给历史学家留下的可追寻的资料依据会更少。新通信技术的盛行在一定程度上得益于具有官方背景的"大科学"项目的需求和激励，尤其是 20 世纪 40 年代诸多战时项目吸纳了成百上千的参与者，他们以流通和传阅工作文件、备忘录和工作手册等方式形成了内部交流。无论如何，现代科学史学家面对的通信环境已经大大不同于那些研究早期通信史的同行们所熟悉的环境。

电子邮件的出现让形势变得更加复杂。电子邮件的即时性不像电报和电话那么鲜明，除了政府机构或企业出于法律责任和经济利益必须保留往来电子邮件作为记录外，总体而言，电子邮件的保存状况非常糟糕。随着旧电子格式的过时和存储设备的老旧和损坏，现存的电子邮件档案也面临消失的风险。当代科学史学家和那些为未来历史学家着想的人都应该鼓励科学家、他们的雇主和资助机构制定切实可行的指导方针用以保护电子材料和普通信件。

书信的收集、归档和出版

自16世纪以来，就有业余爱好者和学者收集并出版科学信件。19世纪历史研究的档案化和维多利亚时代书信体传记的流行增加了古代书信出版的数量，不过这些出版的书信很多都经过了编辑的大量修改。随着科学史发展成为一门独立学科，历史学家和档案工作者开始更加重视书信研究的全面性和编辑的准确性。一些出版项目将重点放在名人的书信上，例如出版了早期显微镜专家安东尼·范·列文虎克（Antoni van Leeuwenhoek）的所有信件，还附有几封其他人写给他的信。而另一些则把出版重点放在书信的交流功能上，如英国科学史学家鲁珀特·霍尔（Rupert Hall）和美国科学史学家玛丽·博阿斯·霍尔（Marie Boas Hall）共同编辑出版的17世纪德国自然哲学家亨利·奥尔登堡的书信就具备这个特点。编辑们在编辑、整理达尔文书信时采用了同样的方法，甚至做了更多细节上的处理，不仅将达尔文塑造成了一位创新型的思想家，而且还是维多利亚时期科学通信网络中的重要节点人物。

现在，电子网络上也发布了附有注释的达尔文信件内容。利用搜索工具，读者可以通过人名、大事记和主题关键词在文库中搜索到许多达尔文信件的全文。还有其他一些类似的整理编辑项目已经完成，或者正在制作其他重要人物的通信，这些人包括美国开国元勋之一本杰明·富兰克林（Benjamin Franklin）、瑞士解剖学家阿尔布雷希特·冯·哈勒（Albrecht von Haller）、英国博物学家汉斯·斯隆（Hans Sloane）和英国植物学家约瑟夫·班克斯（Joseph Banks）等。

这样的全文注释项目需要大量的编辑和资金支持。而像莱顿大学（Leiden University）的"克卢修斯书信"项目则将重点放在为古代信件制作高清晰度的专业扫描图像、建立这些文献的电子档案上。这类数据库以作者、收件人、地点和日期进行分类编目，研究人员无需去档案馆就可以查阅资料。不过，由于这个数据库既没有经过文字转录，也没有注释，因此使用起来没有那些带更多相关信息的常规数字版本那么方便。所以目前的数字档案还可以为未来的进一步编辑提供原始资料，还有可能提供机会收集不同来源的编辑内容。

人文学科数字化与通信网络研究的未来

正像互联网文库已经证明的那样,人文学科数字化的出现为科学通信网络的分析和研究提供了新的契机。学界将启动研究17、18世纪科学通信的若干合作项目,包括斯坦福大学主持的"'书信共同体'地理分布"(Mapping the Republic of Letters)项目、牛津大学主持的"知识文化"(Cultures of Knowledge)项目和由莱顿大学主持的"17世纪荷兰知识和学术实践的传播"(Circulation of Knowledge and Learned Practices in 17th-century Dutch Republic)项目等。

这些项目旨在突破单一通信文库的局限性。正如牛津大学"知识文化"项目网站所说的那样:

> 尽管近几年来,我们已经目睹书信的在线目录和数字版本呈现出蓬勃发展的态势,但这样的书信文库往往局限于精心挑选的书信和信件收发人,而且每一个文库都如一个离散的"孤岛",使得大规模探索、分析和深入研究早期的现代书信变得极为困难。

上面提到的几个新研究项目涉及多个阶段。他们必须创建起统一的、机器可读的通信目录,而且必须要设计数字工具来查询数据库,并且能够直观地展示结果。

还需要注意的是,这类项目取决于资助方的利益和慷慨程度，因而会在地域和项目完成的时间顺序上，由于资源和利益不均衡导致不同的结果。此外，古代的科学信件能够流传至今也有其各自的原因，并不完全是随机的。著名自然哲学家、博物学家、化学家、物理学家、地质学家、生物学家的书信，或者简单地说，"书信共同体"里那些著名人士的论文和信件在他们有生之年就被保存下来，而那些不知名人士的论文和信件可能在同时代就消失了。女性、乡下人、非欧洲人和工匠的书信也不如来自欧洲上层社会的男性，尤其是曾居住在都市、加入科学学院和学会的人的书信有影响力。

虽然存在这些局限性和制约因素，但古代书信的数字化项目仍将帮助我们建立一个更加清晰的现代早期科学信息流动图景。这将使学者们能够更深入地研究通信是如何帮助个体科学家或科学小团体更好地管理和协调科学观察、信息交换和课题辩论等实践活动的。另一方面，这些项目将有助于完善这个领域的全景图，显示出书信往来的地理位置和疏密程度是如何变化的。在这个过程中，学者们将继续阐明从现代早期至今，通信在科学实践中发挥的核心作用。从"书信共同体"到电子邮件，无论怎么强调都不为过的是，书信交流创造并维系着一个个科学探索共同体，为许多人提供了获取物质材料、辩论思想和传播新发现的机会。5个世纪以来，通信一直是将地方科学知识全球化的主要手段之一。

第四章

翻 译
思想的流传与文明的互鉴

【马尔瓦·埃尔沙克里(Marwa Elshakry)&卡拉·纳皮(Carla Nappi)】
马尔瓦·埃尔沙克里是哥伦比亚大学历史系的副教授。出版著作《用阿拉伯语阅读达尔文,1860—1950》(*Reading Darwin in Arabic, 1860—1950*, University of Chicago Press, 2013),与苏吉特·西瓦松达姆(Sujit Sivasundaram)合编《科学、种族与帝国主义》(*Science, Race and Imperialism*, Pickering & Chatto, 2012)。卡拉·纳皮是不列颠哥伦比亚大学近代史研究专业的副教授、加拿大近代史研究专家。出版著作《猴子与墨水瓶:自然史及其在近代中国的转变》(*The Monkey and the Inkpot: Natural History and Its Transformations in Early Modern China*, Harvard University Press, 2009)。目前,她正致力于研究15—19世纪中国明清时期的翻译、叙事和表达的历史。

在这一章中我们将从几个方面探讨从古到今的翻译工作，以及人们对翻译的研究思考是如何对历史学，具体来说，对科学史、医学史和科技史产生重要影响的。历史上曾经发生过两次关于翻译的重大变革，正是这两次变革把一般意义的历史学和科学史结合在一起。

本章的第一部分将通过分析19、20世纪的阿拉伯科学史，考察翻译领域的第一次变革，并将重点放在现代欧洲科学史和奥斯曼帝国晚期的科学史。考察的重点是那些预见或者讨论针对阿拉伯科学发起翻译运动的重要经典文献，并寻求翻译对于理解当时的科学史和一般历史的重要意义。第二部分介绍翻译研究的第二次变革，以及在近几十年里学者们是如何借助翻译来重新研究、思考科学史上的经典纪年和地域特征的。大多数科学史的研究局限在欧洲和特定的历史时期，本章还试图从东亚科学史的一些实例出发，探讨翻译是如何以及为什么对研究其他地区和不同历史时期科学史的学者们、对那些在科学史研究上寻找新的方法论以及新分析手段的学者们同样至关重要。我们将探讨从古代到现代早期翻译在东亚的各种境遇,概述翻译在当时背景下的一些实践方式,这些方法对建立与完善有关科学思想和实践的历史传承、保护甚至创新具有重要意义。

第一次变革:19、20世纪的阿拉伯科学

19世纪世界各地出现了大量使用各地区语言撰写的历史作品。与此同时,史学界也出现了回归撰写通史的热潮。在这两种情况下,翻译都起到了至关重要的作用。本节以考察19、20世纪阿拉伯各类科学史作为开端,看看这些出现在不同时期内容不同但又有着令人好奇之关联的史学研究高潮是如何形成的。

到19世纪中叶,一些东方学者、阿拉伯学者和其他一些学者撰写并出版了一批新的阿拉伯史和伊斯兰宗教史。路易-皮埃尔-尤金·塞迪洛(Louis-Pierre-Eugéne Sédillot)的《阿拉伯历史》是最早研究阿拉伯科学和哲学史的著作之一。他长期以来一直对用阿拉伯文和波斯文撰写的天文学作品特别感兴趣,并采用描写宏大历史兴衰起落的手法组织自己的历史写作。这部书中的内容大部分与王朝继承有关,从阿拔斯王朝(Abbasids)和塞尔柱帝国(Seljuks)到西班牙和马格里布(Maghreb)的不同王朝。书中的另外一个关键内容是概述了阿拉伯文明,着重强调这个文明中的艺术和科学成就,并以巴格达(Baghdad)学校为实例,特别强调了出自这所学校的各种发明。书中的类别十分鲜明,包括那些被同时代读者认为是真正科学的科学内容,除此之外,没有涉及其他任何非科学话题。另外,他还谈到了天文学,但没有论及占

星术，而且对逻辑学的侧重也在法理学之上。

阿拉伯文明在全球知识的发展进步中起到关键作用的观点曾经是一个中心议题。发表在1871年孟买教育协会报纸上的获奖文章《欧洲和穆罕默德文明的相互影响》更是明确指出：历史上被称为"黑暗时代"的那个时期的确是一个充满无知和奴役的时代，当欧洲还在这个时代中挣扎的时候，阿拉伯人正在创造自己的历史辉煌。直到12世纪，许多阿拉伯书籍才被翻译成拉丁文，从而促进了欧洲科学的进步。而当两个或两个以上的国家保持长期密切接触时，就会在许多事情上相互影响。强大、文明的国家不仅会将文明和科学传授给弱小民族，而且会从语言上施加影响，将很多词汇甚至完整表述被灌输到弱国语言中。这种相互影响的表现方式之一就是翻译。

然而，对19世纪以及之后阿拉伯历史影响最大的书是古斯塔夫·勒庞（Gustave Le Bon）于1871年出版的《阿拉伯文明》（*La Civilisation des Arabes*）。勒庞是法国社会学家和业余物理学家，他出版了众多著作，这些书涉及心理学、物理学、社会主义和种族科学等。他研究大众心理学的著作《乌合之众：大众心理学》（*La Psychologie des Foules*）最早出版于1895年，随后在1909年被翻译成阿拉伯文出版，他的许多思想影响了19世纪末的阿拉伯语著作。事实证明，在他的文明系列丛书中，《阿拉伯文明》阐述的历史是各类文摘中最受欢迎的内容。

此后，"文明"一词迅速成为全世界历史研究的标志。对于勒庞来说，对文明的理解也反映了他的种族观念，种族是另一种标识人类差异的形态，不同的种族有着不同的生存制度和智力表现形式。勒庞在分析阿拉伯文明时，最先讨论的就是环境，因为他认为环境和种族是密切相关的。对他或者那个时代的许多其他人来说，谈及种族就包括气候、地理、生理和语言等方面的因素，甚至包括心理、伦理和道德层面的含义。

令人好奇的是，在对阿拉伯文明的讨论中，勒庞的思想非常接近 14 世纪史籍学家和历史学家伊本·卡尔顿（Ibn Khaldun），尤其与卡尔顿写于几个世纪前，直到 19 世纪初才被翻译成法语的阿拉伯历史有共通之处。勒庞显然对卡尔顿撰写的世界通史《穆卡迪玛》(*Muqaddima*) 非常熟悉。从某种意义上说，卡尔顿在思考一个阿拉伯城市发展史时，已经提出了一个很久以后勒庞才提出的类似论点，他指出，这些所谓的野蛮人（指柏柏尔人）在道德层面实际上要优于阿拉伯文明，但他们在建立新城市、政治团体，特别是在发展科学文明、工艺美术和贸易的过程中缺乏必要的集体意识。

当勒庞哀叹人类即将进入铁器时代，弱者必然会灭亡时，卡尔顿也曾经有过类似的悲鸣。根据他的说法，阿拉伯人在很早以前就征服了东方，但他们并没有伤害被征服者，因为他们有着共同的种族联系。不过他写道："任何了解东方的人都知道，当地人的商业欺骗撕破了他们'掩饰低下文明的伪装'。"这部著作刚好完成于欧洲帝国殖民扩张到奥斯曼帝国领地之前的商业繁荣时代，所以也就不难理解为什么这种表述在 19 世纪末及之后深受阿拉伯读者的欢迎。

伊本·卡尔顿的论述主要涉及阿拉伯科学和手工艺的发展。我们可以在勒庞的《阿拉伯文明历史》(*History of Arab Civilization*) 中找到类似的表述。当然他更多借鉴的还是近代和法国前辈们的理论。与早于他的法国东方学家和科学史学家塞迪洛一样，勒庞对王朝继承、帝国的征服和衰亡等问题很感兴趣，同时，他的另一个研究重点是阿拉伯文明的兴衰，探索阿拉伯知识和教育方法的起源以及后来的衰落。勒庞的研究还涉猎广泛的主题，如数学、天文学、地理、自然和物理科学、哲学、视觉和工业艺术、建筑和商业等。然而，他并没有过多关注早期阿拉伯著作中涉及的其他经典科学，例如预言传统、炼金术、梦的解析，或对护身符的解读，而这些都是伊本·卡尔顿深入研究的课题。至少有一点是肯定的，阿拉伯科学史中文字、思想和文献的传承和翻译是多方位和多方向进行的，这些工作跨越覆盖了不同的历史时期和地点，涉及不同的文字和语言环境，所以会产生各种各样的结果。勒庞的作品也和许多翻译文献有直接关系，他在著述中经常引用希腊科学和哲学的翻译文献。也正是如此，在19世纪末和20世纪初，阿拉伯人在撰写阿拉伯历史时曾大量引用他的著述。

吉尔吉·扎伊丹（Jirji Zaydan）是最早撰写现代阿拉伯历史的阿拉伯作家之一，对他来说，翻译即便算不上是跨越文明和时代的、人文主义和全球知识传播中的核心主题，但至少是阿拉伯历史中的一个核心主题。扎伊丹一直对语言问题和阿拉伯散文的发展有着浓厚的兴趣，他抓住了翻译在语言历史或一般历史发展中具有重要价值这个要点，认为阿拉伯语的进步和演变与翻译运动密不可分。他还认为阿拉伯人和阿拉伯语（以及他们的语法和法律法规）来自汉谟拉比做国王时的巴比伦王国，阿拉伯和巴比伦王国都延续了古代东方帝国的文明，并在语言和智力文明上进行了创新，在世界文明史上迈出了新的一步。他特别感兴趣的是，古代美索不达米亚（Mesopotamia）和富饶的新月地带，也即现今的伊拉克、叙利亚、黎巴嫩、巴勒斯坦、以色列、约旦、埃及、土耳其的东南地区以及伊朗的部分地区,那里的许多文明实际上是通过语言保存下来的。与同时代其他阿拉伯语言改革家一样,他喜欢谈论阿拉伯语中的各种外来词汇。他还认为,虽然《古兰经》推进了阿拉伯语的标准化,并且赋予这种语言更多的自身特点,扩大了它的传播范围,但从长期效应看,它同时也以更加教条的规范致使语言发展处于停滞状态,进而造成了长期的文明停滞。

扎伊丹提出了借用外来语和坚持翻译外来文献对于理解阿拉伯、阿拉伯人和伊斯兰教历史的重要性。产生这些想法的基础和背景以及他自己的翻译作品从这个意义上看都是非常重要的。在他写作的那些年里,阿拉伯人与英国和其他欧洲外交官、债权人和殖民官员的斗争正达到高潮。对于扎伊丹来说,追溯阿拉伯语在《古兰经》之前和之后长期的孕育过程,无疑与他渴望创造一种新型的阿拉伯历史意识有关,而这种意识又与新的阿拉伯民族主义的潜在崛起联系在一起。然而,就像当时埃及的许多其他知识分子一样,这并不妨碍他在埃及参与新的殖民统治,在英国殖民占领初期,他同朋友贾布尔·杜米特(Jabr Dumit)一起向英国官员提供过翻译服务。杜米特也写过关于语言哲学和阿拉伯历史的著述,1885年沃尔斯利(Wolseley)远征苏丹时,他加入英军担任翻译。后来,扎伊丹一直保持着译者的身份,所以翻译既是他的职业也是他的思想源泉。他在1892年创办了内容涵盖历史、科学和文学的杂志《希拉尔》,刊载了许多关于语言历史和哲学的文章,这些文章部分或全部翻译自当时世界各地发表的各类研究文献。

扎伊丹尤其从东方学家的作品中汲取了许多灵感。他很早就对东方文化和东方事物产生兴趣。在 19 世纪 80 年代的贝鲁特（Beirut），他参加了各种文学和科学社团以及共济会（Freemasonry），这使他对东方远古时代产生了浓厚的兴趣，正是在贝鲁特的岁月里，他开始研究希伯来语和叙利亚语。在卡尔·布罗克尔曼（Carl Brocelmann）出版《阿拉伯文学史》(*Geschichte der Arabischen Literature*) 一书后不久，扎伊丹决定自学德语。他还定期与一些著名的东方学专家通信。从他的阅读笔记中，我们可以看到，多年来扎伊丹用德语、法语以及阿拉伯语在书中做了许多字迹工整的阅读注释，跟踪记录了最新的学术成果，描绘了语言随时间发生的变化，并且开始勾勒后期作品的提纲。通过这种方式，扎伊丹有效地借鉴和利用了迅速发展起来的东方学者和阿拉伯学者的研究成果。令人惊讶的是，在他的文章《伊斯兰教之前的阿拉伯人历史》(*The History of the Arabs Before Islam*) 提供的文献清单中，实际使用的公认和经典的阿拉伯文献非常之少，但却引用了许多当时被欧美学者广泛讨论的阿拉伯作家的作品，这些作家中有马苏迪（al-Mas'udi）、苏尤蒂（al-Suyuti）和伊本·卡尔顿。

　　与他在研究阿拉伯人、阿拉伯以及伊斯兰教的历史时表现出来的对翻译工作的重视态度一样，扎伊丹也强调了翻译在阿拉伯经典形成中的作用。他特别强调了希腊思想的输入。但是，他的阿拉伯科学概念仍然比他所追随的东方学学者们的观念要宽泛，他常常把有关文学、哲学和形而上学作品的讨论放在科学的标题下。关于阿拉伯科学的著作通常也是围绕当时一些重要人物的生平撰写的，常常将这些人划分为伊斯兰科学领域中的人，或"引进"科学领域的人，针对后者，他会再次强调翻译的作用。

当阿拉伯学者对新的阿拉伯科学史进行改写、修正或否定时，整个科学史也会从这支脉络中汲取养料。尽管我们很少这么想，但实际上早期的科学学科史和东方学有许多共同之处。20世纪前几十年的科学史学家与当时的东方学学者有许多密切关系。东方学实际创造了一种新型的国际学术和交流网络，世界各地的许多科学史学家都参与其中。例如，从吉尔吉·扎伊丹与俄罗斯东方主义者伊格纳特·克拉奇科夫斯基（Tgnaty Krachkovsky）之间、克拉奇科夫斯基和乔治·萨顿（George Sarton）之间的思想和文字交流，我们就能认识到这个网络的存在。萨顿是著名的比利时学者，也是引领美国科学史研究的带头人。从某种意义上说，上述几位学者的交流涉及各种文献，各类历史边界的限定，以及阿拉伯与伊斯兰艺术和科学经典兴衰的各种实例。

萨顿是早期学科史的一个关键人物，他既是一名东方学学者，也是一名科学史学家。作为《爱西斯》(*Isis*) 和《奥西里斯》(*Osiris*) 杂志的创办人，他对刊名的选择表明了这两个领域的关联。他在第一次世界大战前不久创办了《爱西斯》，后来创办了《奥西里斯》，他试图借此为科学通史做出一个郑重承诺，要让这两份刊物成为"新人类主义"的载体。萨顿的人文主义观点和科学史观点是他对这两个领域的知识的普适性和国际性贡献的一部分。他是最早为实现这个宏大目标明确制定计划的人之一。20世纪上半叶，在帮助推广和确定从古代美索不达米亚到现代欧洲的科学史研究年表方面，他的贡献超过了所有人。他把古代和中世纪的历史与近代史联系起来，认为它们的发展是随着东西方一系列翻译运动和跨文化知识或物质之间的接触而发生的，其中"东方"是古代知识和文明的起点，而"西方"则是这个故事的顶峰。此外，萨顿关于伊斯兰教与欧洲关系的观点也折射出当时一些其他国际主义者的观点，特别是比利时历史学家亨利·皮雷纳（Henri Pirenne）的观点。皮雷纳的观点被称为"皮雷纳论断"，他认为伊斯兰教的兴起造就了查理曼大帝（公元9世纪）之后的欧洲。萨顿则认为，阿拔斯王朝统治下的"翻译运动"所起的作用恰恰相反，它帮助欧洲实现了复兴，并成为文艺复兴的源头，是人类历史发展的原动力。因此，我们可以说，伊斯兰文明的兴衰先是完成了对欧洲的封闭，随后又帮助欧洲再次出现在世界历史舞台。

萨顿也是一名阿拉伯学者，他经常和其他阿拉伯学者或者用阿拉伯文写作的学者通信。没有这些人的帮助，很难想象他能够卓有成效地完成自己的工作。这些人包括书商、教师、翻译家以及世界各地用阿拉伯语写作的"乌拉玛"①。通过借鉴他们和东方学家的作品，萨顿得以凸显和强调相关的主题。他帮助人们了解了阿拉伯科学对新科学通史的贡献。他认为，阿拉伯科学，特别是通过翻译、在阿拔斯王朝下发展起来的科学，是从古代美索不达米亚到现代西方的科学发展之间一个至关重要的环节，也是保存他们所继承的希腊理性主义精神的关键。按照这个思路，萨顿重新阐述了东方与西方关系这一古老话题，同时也使他对历史时期的划分形成体系。

萨顿还提出了关于科学随着时间推移而发展的更普遍、更全面的观点。正如他所说的："科学是加速向前进步的，所以如果我们向后看，加速度就是负值。"从古代到中世纪，科学的发展进

---

① *伊斯兰博学者。*

步是通过口头和书面传播，以及手把手传授的传统方式实现的，他将师徒代代相传的传统描述成为一条潜流很长时间的地下河，并补充说："我们有理由相信，从地面 B 处流出的河水和远在几英里之外的 A 点消失的河水是源自同一条河流。"在 1952 年出版的巨著《科学史导论》(*Guide to the History of Science*) 中，他为这个此消彼现的故事描绘了两幅图景：

> 我们可以尝试用图像表示这些观点。每一个想法或事实的历史都可以用一条有起有落、或多或少有些规律的线条来代表。其中一些线条中断，意味着这段历史暂时消失了一段时间。有时候线条会出现交叉，它们的交叉点也许无关紧要，但也有可能对应着一个历史结点或一个新的发现。

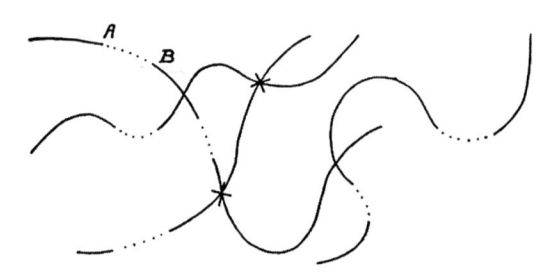

图 4.1　单个发现、想法或发明的图形表示

伴随着这段陈述的是一个简单的草图。在紧随其后的另外一张草图中，他勾勒出了更明显的思想传承途径，他解释道：

> 如果我们希望表现整个历史传统，那就不能仅仅着眼于单个思想或发明的发展过程，而需要检视总体科学模式的发

展，这样相应的演示图就会大不相同。这幅简图告诉我们，西方科学的根在埃及、美索不达米亚，还有一小部分在伊朗和印度。中间那条线表示的是阿拉伯科学的历史传承，在从9—11世纪这段时间里，这是一股主流，并且随后一直延续到14世纪，是中世纪最主要的思想分支之一。

（Sarton 1952, 26-7）

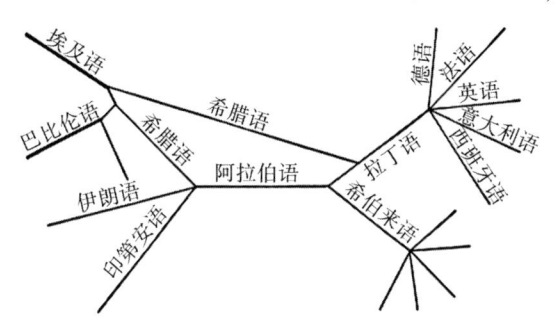

图4.2 科学模式的总体图

他补充说："阿拉伯科学不仅是希腊科学的延续和复兴，而且也是伊朗和印度思想的延续和复兴。"尽管我们对这个历史传承，或者说对这些文明的翻译还了解得不够完善。因此，宏大的希腊—阿拉伯翻译运动在古代和现代之间，以及东方和西方之间架起了一座重要的中世纪桥梁。他还主张在阿拉伯科学学者和科学史学家之间进行更多的跨学科交流和融合，"对阿拉伯科学的忽视以及对中世纪传统的误解，部分原因是人们认为阿拉伯研究是东方研究的一部分。阿拉伯学者显然被我们冷落了。尽管对我们而言东方学中的许多东西是异国风情，但希伯来宗教传统和阿拉伯科学传统却都算不上。事实上，它们是我们今天编织的历史中不可分割的一部分"。他甚至声称它们是我们精神生活中的一部分。在第二次世界大战结束后,他写道:"阿拉伯文化总体上对于研究人类历史的学者来说具有特殊意义。对于那些希望重建人类完整历史的人来说,阿拉伯文化是一座桥梁,一座连接东西方的主要桥梁。"

纵观19、20世纪科学史中那些反映阿拉伯文化、艺术、科学以及阿拉伯文明之间相互作用的各种例证,我们对各文明之间思想和科学实践中翻译的重要性便有了一些了解。可以说翻译过程为阿拉伯早期科学史提供了新的概念和政治依据,是伴随人类跨越语言、文明和时代局限不断进步的思想运动的标志。本节通过对19、20世纪阿拉伯科学中的翻译实践和对翻译的历史研究,追溯了部分相互交错或者关联的历史事件。接下来,我们将关注东亚科学在古代和现代早期的各种情况。

第二次变革:
古代到现代早期东亚及其他地区的翻译活动

近几十年来,通过对翻译的研究和应用,科学史学家对学科进行了重新审视,将其研究领域扩展到了全球范围,同时也在批判性地思考"全球化"作为一个史学概念的意义。东亚的科学、医学和技术史学家在对科学史学的重塑中发挥了主导作用,因为过去几十年来该领域历史编纂中许多问题都涉及翻译。在本章的第二部分中,我们将利用丰富的史料探讨翻译的历史以及历史的翻译是如何向我们提出科学史中更为广泛的方法论的。具体的做法是不限于把翻译仅仅理解为推动19、20世纪学术的一种方式，把原本仅仅着眼于从一种文字翻译到另外一种文字，扩大到考察非语言的知识转换形式，包括承载知识信息的视觉图像形式。本节将简要介绍这两种方法的一些实例，并将重点放在后者，在这之前，我们先探讨翻译在东亚科学史编纂中的作用。

东亚地区的文献翻译包含大量不同语言之间和同种语言内部翻译的实例。我们既需要考虑以新的形式展现翻译后的作品，又要突出大多数译者关注的忠于原著的问题。许多科学、医学和技术文献的翻译采取了多种形式，这些形式并不一定是从一种语言到另一种语言直接、完美的复制。有些早期译者采用了添加注释的方法将作品翻译到新的语境中，赋予旧词新的含义，并创造了很多新词。这样做显然是对忠于原著的挑战，也促使我们重新考虑原文的意义。还有许多文献传承的例子可以归类为概念翻译。许多中国早期医学文献结合了对古典宇宙的解读和评论，讨论人体以及人体之间的关系。我们也可以把这类书籍理解成一种翻译。比如早期的医学专著《黄帝内经》不仅是一部经典的医学著作，还可以被认为是一部将人体系统对应的宇宙现象解释翻译成事关人体机能的理论著作。后来的学者同样将中国的古典宇宙学、医学、植物学和其他技术著作翻译成符合韩国和日本读者阅读习惯的译本，这些译本往往包含中文原著的主要内容，但可能会插入一些令本国读者更容易接受和理解的示例。在汉语中，注释是翻译中长期使用的一种方法，直至20世纪的科学翻译实例中都可以找到注释的使用。例如那些在19世纪末将达尔文、赫胥黎和其他欧洲作家的作品译成中文的学者，在涉及原著中概念、对象和事件的时候，往往采用对原作者的观点进行分析和判断的方式进行翻译，这远远超出了为中国读者介绍原著背景和相关事件的范畴。

还有一种翻译是译者将文字转换成为新的媒介形式。例如采用技术性或图解性插图解读文字就可以被看作是另一种翻译类型。在早期《易经》的注释中有很多乍看起来含义不那么明确的符号，这些符号会被反复翻译解释给当代读者，因为这些参照原著重绘的卦象符号是学习和使用《易经》的基础。这个过程可以理解为是在一个更大的语境范围内将占卜图像，包括甲骨裂纹和植物分布翻译成文字或注释的过程。在后来的作品中，各种成像技术也应用在科学、技术和医学知识创新中。近些年的科学史作者已经在作品中展示了科学史和艺术史的深刻融合，例如用线性透视的手段翻译绘制 18 世纪的中国文献，用新颖的视觉成像技术呈现 19 世纪日本的植物科学。

我们还应该考虑翻译在人们了解中国和东亚其他地区科学实践知识中所起的作用。在有关具体技术的翻译作品的启发下，近期的东亚科学史、医学史和技术史也开始关注这方面的探索，包括对印度医学翻译和中医治疗实践翻译的研究，对当代华语世界以及尼泊尔现代医学的翻译研究。从这几个简单的例子可以看出，科学翻译的实践方式多种多样，多姿多彩。

另一个研究方向是考虑科学翻译的时间关联性，翻译作品能够建立其自身的时间系统（比如翻译作品产生的时间）和跨越时间的作用模式（比如古典作品的翻译对后代读者的影响）。科学史的时代和时间关联性往往与所讨论的地理区域相关。将历史按照一定的特性分期对科学史学家来说是一个很大的挑战，因为他们需要采用比较、综合等方法处理研究课题，近来兴起的着眼跨国和全球性的研究热潮就是一个例证。而这股热潮自然引发了史学家对翻译的关注，他们意识到翻译不仅是科学史中的一个重要组成部分和基本特征，而且也是以多种方式构成科学史的一个实践领域。对翻译的关注，也可以让我们认识到分割历史时期的模式是如何形成和被打破的。这个过程可以有多种形式，有些作者将长期被忽视的文献翻译成新的语言以满足新的读者，重新激活这些著作；而有些作者则将经典作品翻译成新语言并加上历史注解，进行跨世纪的对话。在任何一种情况下，翻译都能够跨越时间为两个时代建立新的对话和联系。我们现在已经对这一现象有了充分描述，中世纪或早期的科学（及其他相关）文献翻译涵盖了拉丁语、叙利亚语、阿拉伯语、希腊语和各类欧洲语言。在中国，翻译的工作也跨越了古典和现代早期的文献和语言，创造了跨越时空的对话。在某些方面，我们也可以考虑翻译本身是如何被用来构建新的历史阶段或时间范畴的，许多被翻译的文献都有类似于"家谱"的传承脉络，而这些传承过程可以用来为它们对应的科学史划分新的时间体系，无论是从时间顺序上，还是从时间间隔上都是很好的参照资料。

关注翻译也许还能够帮助我们重新思考空间在科学史上的作用，无论是从政治地理的角度，还是从语言和社会地理的角度。这不仅有助于打破古代、中世纪、现代早期和现代的传统时间划分，还有助于打破诸如"东方"和"西方"等古老的文明分类范畴，同时也有助于打破传统思维下区域研究的地理划分，比如东方或者东亚。重新评估那些能够自由跨越希腊语、叙利亚语、阿拉伯语、德语、法语和英语、拉丁语和汉语的翻译家的活动，或许可以为我们提供一整套更为丰富的术语来描述科学历史地理分布的方法。

对翻译的重新关注还引入了对全球"早期现代化"等概念的新讨论,将许多领域的研究带入了与科学史、医学史和技术史的对话中。这样一来,往往会引发时间和空间上分类的问题。当一些译者还在怀疑早期现代化这一表述能否应用在欧洲以外的其他地区时,另一些人已经更进一步,开始思考大约在 1500 年至 1800 年之间,人类和知识之间日益增强的流动性和交流如何改变了科学。这一时期常被认为是多种翻译形式以全新面貌呈现的时期,从拉丁文到欧洲各地语言之间的双向翻译,到划分古代和现代的新模式,再到隐性知识和具体技术的传承。

许多现代早期的译者创造并维系了文献、思想、商品的全球化网络,这些网络是早期现代化的基本构成。许多学者已经指出,翻译作品对于建立和维持早期现代化商业关系至关重要。日本德川时期的学者仔细研究了日本学者与荷兰商人是如何通过商业网络发生接触的,他们发现这些接触方式实际上是建立一个在欧洲语言和日语之间进行双向翻译的交流系统,其中包括动物、植物和人文方面的内容。在这个过程中,他们还把一些中文文献也编译到了日文中。在中国明朝的商业活动中,金钱并不是谈判的唯一筹码。学者们研究了耶稣会会士在明朝朝廷里所做的翻译工作,教士们将欧洲的科学、医学和技术文献翻译成中文的同时,也将更多的宗教思想或文化价值观通过翻译灌输给了皇朝当权者。

帝国的赞助维持着科学、医学和技术的翻译工作,这些翻译工作又反过来维护了帝国的统治。一些清朝学者的工作就是翻译有关人体、星球和其他物质的性质与变化的文献。在清朝全盛期的康熙年间（1661—1722），耶稣会会士将解剖学、天文学和其他知识翻译成满语，建立了翻译文库，不懂满语的人是无法阅读这些资料的。康熙皇帝也不同程度地参与了这些工作，例如委托翻译他感兴趣的文献，为耶稣会翻译人员选派满语指导，甚至亲自校对翻译手稿，等等。在清帝国之外，翻译对于推动跨地中海和印度洋地区的其他近代早期宫廷间的科学交流也起着重要作用。

进入19世纪后，科学文献的翻译扩大了译者联系的渠道。在晚清，个体学者和学术团体都曾致力于将欧洲思想介绍到中国。将英语和其他欧洲语言的科学思想翻译成中文，是通过翻译一系列不同类型的文献来实现的，其中包括杂志、小说以及地质学、生物学和社会科学专著。可以说，从19世纪末到20世纪中叶，翻译在东亚地区建立了现代科学基础，也促进了现代化概念的形成。

结束语

本章细致研究了科学史学中的两个时段，关注这两个历史时期的翻译活动对科学史研究产生的重大和微妙影响。在19世纪和20世纪初，翻译是学术界试图理解科学史、通史以及它们之间关系的一个重要手段。我们通过一个案例探讨了这一现象，在这个案例中，我们仔细研究了阿拉伯科学的近代史，发现翻译是一种重要的方法论和史学工具，尤其是对那些希望围绕科学进步勾画通史的人。20世纪末到21世纪，对翻译的关注同样调整了科学史学家的工作方向，他们中的一些人明确地阐述了翻译在历史进程中发挥了更为广泛的影响和作用的观点,而另一些人则从现象入手,帮助我们重新思考历史上翻译运动的真实情形,以及从哪些资源中可以找到支持我们推测的证据,即便这些资源并未明确使用相应的术语描述他们的工作。这个历史时期在研究东亚科学、技术和医学的史学家的作品中显得尤为突出,对他们而言,翻译可以将科学概念和科学进展分解成更细致的分支和阶段,以便建构更为多元的科学史。当我们从这里出发继续前行时,期望能有更多的关于翻译对科学史和史学影响的研究成果面世。如果将翻译作为一个广角镜头,通过它重新审视科学史,则意味着我们要去关注分散在不同研究领域、学科类别、语言、文学以及学术典籍中的资源和实践。在接受这一挑战时,我们不仅有机会改变将科学史作为一门学科的研究实践方式,而且还会改变我们对翻译本身的性质和实践的看法。

第五章

期刊与其他系列出版物

学术期刊的历史演变

【艾琳·法伊夫(Aileen Fyfe)】[1]

艾琳·法伊夫是圣安德鲁斯大学英国近代史专业教师,主要研究科学的传播和普及。出版的作品有《科学与拯救》(*Science and Salvation*, University of Chicago Press, 2004)、《蒸汽动力知识》(*Steam-Powered Knowledge*, University of Chicago Press, 2012)、《市场中的科学》(*Science in the Marketplace*, University of Chicago Press, 2007)等。

从第一次世界大战结束到第二次世界大战期间，遗传学家霍尔丹（Haldane）撰写了 80 多篇研究论文，发表在《生物识别》《遗传学》《自然》和《皇家学会学报》等各类期刊上。他还撰写了有关进化论、遗传学、科学和社会学等面向大众的书籍，为《每日先驱报》《伦敦晚报》和《新闻纪事》等报纸撰写文章。此外，他的科学研究成果和观点也经常以摘要的形式见诸报端和杂志。霍尔丹的学术声誉来自他在学术期刊上发表的文章，但实际上这些刊物并不限于专业期刊。霍尔丹的经历提醒我们，虽然我们倾向于将专业化与科学期刊日益增长的重要性联系在一起，但科研成果仍然会发表在许多非专业的媒体上。

一般认为学术期刊起源于 17 世纪末，其中包括发表科学成果的期刊。不过，人们将精力放在破解起源之谜的过程中往往容易忽略一个事实，那就是在过去的 4 个世纪里，科学作者和科学报道的含义和重要性，以及形式和风格都发生了很大变化。现代科学期刊的大部分特征，如研究的原创性、作者和研究工作的直接相关性、审稿程序以及标准化的修辞和文章结构，都是在 19 世纪形成的。而英语作为国际科学语言的出现，作者和编辑的职业化以及是否盈利，可以说是20世纪才有的现象。科学研究期刊从来都不是在自我封闭的真空中运作的，最成功的科学期刊不但要了解科学和商业，还要能够把两者紧密地联系起来。

本章首先按时间顺序介绍各类刊登科学知识的杂志、报纸和研究期刊，以这些为基础，探讨科学作者身份、文献编辑和审查流程，以及发行方式和读者群体的变化趋势。读者在这个分析过程中会清楚地看到，我们目前对这个整体过程中某些因素的了解远远超过对另外一些因素的了解。

17 世纪

学术界很早就已经对早期科学期刊与17世纪末出现的科学学会和学术机构之间的关联有所认识。不过直到最近，学界才从更为广泛的图书交流的角度来审视这类出版物，并被它们新颖的版式所吸引。在17世纪初的宗教战争中发展出来一种被称为"新闻页"（news-sheets）的纸媒，经常用来刊登新闻或者花边消息，那时候几乎还没有期刊这种样式。

在现代早期学术界中，大量的论文和书籍是以正规格式印刷出版，当然，前提是学者有这样的意愿。学者们利用通信网络交换手稿信息是学术交流的主要方式，那时候不存在商业化的图书交易，口头讨论书稿和样本的情况也是如此，不存在任何有偿交流。17世纪晚期的学者并没有太大意愿投稿给学术期刊，而书商或印刷商对出版期刊也没什么兴趣。

尽管如此，17世纪末还是出现了许多学术期刊，其中最著名的是1665年在巴黎创刊的《学者》杂志，同年在伦敦创刊的《哲学汇刊》，1668年在佛罗伦萨创刊的《意大利文学》，1670年在德国施韦因富特创刊的《医学物理》和1673年在哥本哈根创刊的《医学与哲学学报》。其中，只有伦敦的《哲学汇刊》专注于自然知识，德国和丹麦的期刊偏重医学，而法国和意大利的期刊涵盖了所有的人文学科。在1665年至1699年期间，共有35种聚焦科学内容的期刊创办发行，但大多寿命不长，因此也很少有人去研究它们。

我们还无法断言现代科学期刊最早出现在1665年。首先，最早出版的几期《哲学汇刊》与20世纪的科学期刊有很大不同。那时候，亨利·奥尔登堡不仅是其唯一的编辑，几乎也是所有内容的作者、译者或摘录者。奥尔登堡把《哲学汇刊》看作是在整个欧洲分享最新学术新闻的报纸，内容包括科学人的通信摘录、书评和学界其他动态的报道。其次，《哲学汇刊》能够幸存至今这个现实不应该让我们产生错觉，以为它是学术期刊的唯一模式。仅在英国，就有很多其他形式的学术期刊，如罗伯特·胡克（Robert Hooke）的《哲学集》、约瑟夫·莫克森（Joseph Moxon）的《机械操作》、约翰·霍顿（John Houghton）的《改善畜牧业和贸易的书信集》《智者纪念周刊》(Weekly Memorials for the Ingenious)和《雅典信使报》(Athenian Mercury)①。在后来的几个世纪里，出现了不同类型的期刊（如评论、摘要、社会文集、法律研究和科普杂志），

---

① 1689年3月，伦敦书商约翰·邓顿为新闻业引进一项颇受欢迎的创新栏目，其周刊《雅典信使报》的所有版面用来刊登有关爱情和婚姻的问答。

但在此之前，期刊的管理者和出版商通常会将这些分支领域部分或者全部结合起来。

18 世纪

到 1790 年，已经至少有近 1000 种学术期刊问世，其中大约四分之一来自启蒙运动中如雨后春笋般出现的学术机构和社团的学报，不过其中大多数还是由印刷商、书商或编辑创办的商业期刊。从部分期刊的短暂寿命可以清楚地看出，这个领域中的大多数商业运作都失败了，而学术团体支持下期刊的存活率要高得多，其中有 46% 的办刊时间超过了 10 年。尽管如此，1773 年创办于巴黎的《物理、博物学和艺术观察》杂志向人们证明，只要办刊方针正确，商业期刊一样可以获得成功。

18 世纪 30 年代以前，学科专业化程度非常低，但在世纪中叶开始出现了一些医学和农业方面的刊物。因为专业化的普遍缺失，科学文章的登载便有一定的随意性，所以如果根据定义去识别科学期刊的话，就很容易忽略普通刊物和报纸上发表的自然知识。例如，仅凭刊名《女士日记》(*Ladies' Diary*)，人们很难意识到它之所以出名是因为刊登趣味数学题，而普通报纸则会把自然知识当作新闻和广告登出来。当时的印刷品和公众演示、咖啡屋聚会以及沙龙讨论一样，是启蒙运动中公共科学文化中的关键因子。

在美国图书馆学学者大卫·克罗尼克列出的科学期刊目录中，超过四分之三是在德语区发行的，这显然是因为德语区的政治势力分布零散以及他们之间的文化竞争促成的。但这个数字掩盖了一个现实，即其中一半以上的期刊寿命不足 3 年，而且在任何一个时期，很少有超过 5 种刊物在同时运营。有趣的是在这一时期，英国和法国发行的期刊虽然较少，但它们的寿命却更长。

一些新成立的学术团体仅满足于在当地报纸上报道他们的活动，但大多数学会都雄心勃勃地想发行系列出版物，以证明他们的存在和价值。美国哲学学会和爱丁堡皇家学会分别于 1771 年和 1786 年开始发行学报。位于巴黎的皇家医学学会从 1776 年起发行了寿命短暂的《历史纪要》(*Histoires et Mémoires*)，曼彻斯特文学与哲学学会则从 1785 年起发行了会刊《纪要》(*Memoirs*)。这类学报或纪要，与商业期刊不同，它们的办刊宗旨是为社团活动提供"官方"记录，而不在于转达来自"书信共同体"的新闻或自然观察发现。到 18 世纪中叶，在伦敦创刊的《哲学汇刊》把稿件重点也缩小到只出版在皇家学会会议上发表的论文。这家刊物作为一个私营机构历经近 80 年的发展，最终由英国皇家学会于 1752 年接管。

其他一些专门致力于评论的期刊也陆续在 18 世纪出现，如 1726 年创办于伦敦的《述评》(*Critical Review*)和 1739 年创刊的《哥廷根学报》。第一个仅限于科学内容的期刊可能是 1752 年创刊于莱比锡的《自然科学评论》(*Commentarii de rebus in scientia naturali*)。在随后的几十年里这类专业期刊越来越多，尤其是在医学方面。这些不断增加的期刊为读者更新知识提供了保障。

19 世纪

19世纪是欧洲和北美识字率与教育水平大幅提升的时代,加上印刷技术的显著进步,意味着科学知识、科学新闻和学术争论开始出现在大众出版物、文学杂志和学术研究期刊上。一项名为"十九世纪期刊中的科学"(Science in the Nineteenth-Century Periodical)的专题研究表明,在19世纪英国的各类期刊上都可以找到科学内容。到了19世纪末,欧洲各地都出现了大众科学杂志,在有些地方,这类杂志的内容表述有时候会和现代化与民族主义结合在一起,比如在西班牙、意大利和希腊。在世界其他地方,出版月刊、建立读书室和设置科学课程都是引进西方科学概念和实践的方式。在中国,创办于1857年的《六合丛谈》、1876年创办于上海的《格致汇编》是由一些与英国新教传教士有交往的编辑和翻译人员组织出版的。到了20世纪初,在1915年创办于上海的《科学》杂志上发文倡导发展科学和工业发展的,则是一些加入了美国共和党的中国留学生。

然而,随着科学受众的不断增加,学术研究期刊在语言表述上变得越来越专业化,技术性也越来越强,因而也限定了目标读者的范围。近来学术界对"大众科学"的关注,使得我们从大众媒介中了解到的科学知识比通过专业研究成果的交流渠道了解的丰富得多。1858年,英国皇家学会的一个研究小组开始编辑《科学论文目录》(Catalogue of Scientific Papers),其中包括从1800至1900年间1400种期刊出版的所有科学论文。这项任务非常艰巨，虽然论文作者名单的认定在1900年前就已经完成，但直到20世纪初才完成了部分主题的索引。其他追踪更新科学文献的方法还包括新涌现出来的一批摘要期刊，这类文献通常针对的是特定专业或学科的读者，如1830年创刊的《药学总览》(*Pharmaceutisches Centralblatt*)、1855年创刊的《动物学记录》(*Zoological Record*)和1895年创刊的《物理摘要》(*Physics Abstracts*)。编撰汇集这类作品需要付出巨大的努力，而它们的发行市场又极其有限，这就意味着许多摘要期刊最终只能由专业的学术团体接管。不过，即便是学术团体对于这类工作也仍然疲于应付，比如维持《科学论文目录》的出版就超出了皇家学会的能力范围，所以他们曾经制订计划，寻求国际和其他学会的支持，不过这个计划在第一次世界大战期间夭折了。

各种学会纪要和学报在整个19世纪都表现得十分活跃，这些刊物的标题也能反映学科专业化的快速进展。新诞生的学术团体通常会将发行期刊作为他们的基本工作内容之一，1811年创刊于伦敦的《地质学会会刊》、1880年创刊于横滨的《日本地震学会会刊》、1876年创刊于布宜诺斯艾利斯的《阿根廷科学学会年鉴》和1892年创刊于圣地亚哥的《智利科学学会学报》都是在这种背景下诞生的。

与此同时，商业期刊也在激增，在英国，商业期刊约占英国书刊总数的60%。在拿破仑战争时期，创办于巴黎的《物理、博物学和艺术观察》引发了大批模仿者，这类刊物的版式比学会学报的版面更小，成本更低，通常每月发行一次。最著名的有1789年创刊于巴黎的《化学年鉴》、1798年创刊于伦敦的《哲学》杂志、1799年创刊于莱比锡的《物理年鉴》和1818年创刊于美国纽黑文的《美国科学与艺术》杂志。到 19 世纪末，雄心勃勃的出版商开始尝试创办周刊，1869 年创办于伦敦的《自然》(Nature)和 1880 年创办于纽约的《科学》(Science)从其寿命和影响力而言，可谓大获成功，但从商业盈利角度来看，两者(尤其是后者)都难称胜者。

虽然各个专业学会的学报代表了它们在其学术领域的声誉和权威，当然也显示其严肃性，但商业期刊却填补了各类其他服务领域的空白，出版了各种各样的评论、新闻、信件和气象报告。它们未必是首次公布最新研究成果的平台，但其目标是为读者提供最新的资讯，因为这些资讯往往来自另外一个遥远的城市。稿件可以由学者直接提交（比如直接寄给编辑），大部分稿件经过编辑或其助理摘录或者翻译后出版发行。成功的期刊依赖于具有商业知识、编辑技巧和学术联系广泛的编辑，就像威廉·尼科尔森（William Nicholson）和大卫·布鲁斯特（David Brewster）一样。鉴于大多数商业期刊的边际利润率，一些出版商会把他们看作是做着赔本生意的业界翘楚，因为它们具有较高的声誉，而且能够吸引到才华横溢的作者。

商业期刊快速的出版周期展示了它的潜在吸引力，一些学术团体对此做出了回应。英国皇家天文学会（Royal Astronomical Society）于 1827 年开始发行《每月通报》，其他一些协会，包括皇家学会，也推出了各自的会议文集。法国科学院走得最远，于 1835 年在院长弗朗西斯·阿尔戈（François Arago）的策划下发行了《科学院会议周报》。它对学术新闻和创新结果的快速发布一定程度地削弱了商业期刊的竞争力。

英国、法国和德国在 19 世纪的科学期刊出版中占据了主导地位，这主要得益于他们在科学研究方面的领先地位。与 17 世纪末和 20 世纪末形成对比的是，出版物主要发行在本国内部，不具有国际性。在参与期刊发行的英国商业公司中，泰勒－弗朗西斯（Taylor & Francis）显得格外引人注目，他们收购了一批期刊，包括《哲学》杂志和《自然历史年鉴》。美国在科学期刊市场上后来居上，这个转折点可以追溯到本杰明·西利曼于 1818 年创办的《美国科学》杂志，以及创办于 1845 年的《科学美国人》和创办于 1880 年的《科学》杂志。当然，那个时期在世界其他地方也有发表研究论文或者科普文章的科学出版物，最有代表性的地区是英国的海外领地和拉丁美洲新独立的国家。

20 世纪

20 世纪的广播通信技术——无线电、电视、电影对提供科学教育信息、报道科学新闻，以及在娱乐活动中融入科学主题产生了重大影响。20 世纪创建的一系列科学新闻服务机构见证了科学新闻的专业化，例如，1924 年创建的"科学服务"，1934 年在纽约创建的"全国科学作家协会"和 1947 年创建的"英国科学作家协会"。这些新闻机构的记者与科学界建立了联系，并通过准确的报道建立信誉，获得尊重。但他们的人数很少，甚至在 20 世纪末，已经很少有专门的科学记者了。虽然像《科学美国人》、《国家地理》（1888）和《新科学家》（1956）这样的杂志仍然吸引读者，但广大观众已经开始观看英国电视主持人大卫·爱登堡（David Attenborough）主持的《生命的进化》（*Life on Earth*，1979）或卡尔·萨根（Carl Sagan）主持的《宇宙》（*Cosmos*, 1980）等具有里程碑意义的系列电视科普节目。

新的通信技术对原创科学研究成果的传播影响较小，这些成果的传播依赖的是专家，而不是广播电视节目。研究人员仍然需要通过个人通信、在科学会议和研讨会上做报告和在期刊上发表论文等方式进行交流。于是便形成了由专业机构和商业公司同时办刊的混合刊物，但两者在形式和内容上的区别已经变得不那么明显，特别是在美国，学会期刊，已经不再完全是学会赞助下的学报，而且各类期刊越来越趋向于标准的版式、风格和结构。这些变化的实现仰赖于行业内建立了稿件格式指南，再加上刊物编辑协会向编辑们引荐最好的编辑实践经验。英国皇家学会在1936年为其作者发布了指南，而美国生物学编辑委员会（Conference of Biology Editors），即后来的科学编辑理事会（Council of Science Editors），也从20世纪60年代起为编辑们制定了稿件格式手册和指南。尽管如此，《自然》和《科学》杂志继续保留了对新闻的重视，仍然是每周一期，同时也欢迎短文和信件，以及委托专家撰写的评论和报告。与早期相比，在20世纪，即使是简短的研究成果公告，也通常是由成果发现者撰写的，这极大地提高了研究者的声望。

1934年，《世界科学期刊目录》（*World List of Scientific Periodicals*）列出了36000多种期刊，与19世纪60年代早期英国皇家学会索引的1400种期刊相比增加了20多倍。其中将近14000种是英语版，另外11000种以德语或法语发行。虽然这三种语言在20世纪初科学研究出版物中明显占据了主导地位，但另外15种语言期刊的存在表明了科学出版的全球化程度越来越高。世界各地新的国家科学院的建立促成了更多期刊的发行，包括 1912 年在东京创刊的《帝国科学院学报》和 1950 年创刊于北京的《中国科学》。学科专业化水平的提高也产生了同样的效果，到 20 世纪初，土耳其分别创办了药学、数学和工程学等学科的出版物。显然，科学出版物的大量涌现意味着学术团体为科学家创建书目工具的工作越来越艰难。从 20 世纪 60 年代开始，有些公司开始借助机械系统以及后来的电子系统，探索如何通过提供文献索引、摘要和引用率等服务获利。这方面的先驱是尤金·加菲尔德（Eugene Garfield）的科学信息研究所（位于费城，创立于 1960 年），该研究所于 1963 年创建了第一个"科学文献引用索引"（Science Citation Index），简称 SCI。

美国是战后世界上科学研究期刊数量最多的国家，其次是英国、联邦德国和苏联。美国期刊的作者和读者主要是美国人，但战后几年，总部设在荷兰和英国的国际英语期刊有了长足发展。这些期刊，包括荷兰爱思唯尔出版公司的《生物化学与生物物理学学报》（*Biochimica et Biophysica Acta*）（创刊于 1947 年）和《临床化学学报》（*Clinica Chimica Acta*）（创刊于 1956 年），经常尝试开拓一些尚未得到各主流学科认可的分科领域。爱思唯尔公司招募了国际化的编辑委员会，它的主要稿件来源和主要读者都不限于荷兰国内。1977 年对化学期刊的一项调查发现，93% 的荷兰期刊作者是外籍作者，相比之下，英国期刊是 66%，美国期刊为 38%，而联邦德国期刊仅为 3%。荷兰和英国期刊的销售收入也同样依赖于国际市场。20 世纪 70 年代，英国和荷兰的科学期刊约有三分之二基于商业运作，而美国期刊只有 50%。

在战后的几十年里，由于期刊发行量的增加，加上价格不断上涨,以及越来越多的研究机构成为订阅大户,科学期刊的出版发行最终为学术团体和商业公司带来了利润。《生物化学与生物物理学学报》在创刊后的 8 年内就实现了盈利,到 20 世纪 40 年代末,英国皇家学会的出版物也终于开始盈利。

科技文献作者

由于本职工作收入不高,写作长期以来一直是学者们可选择的收入来源。在 18 世纪末和 19 世纪,职业写作的发展主要依赖于期刊,因为编辑和刊物所有者愿意向作者付费。19 世纪的许多科学人士为了名利为杂志写作、撰写评论,比如大卫·布鲁斯特(David Brewster)和托马斯·赫胥黎(Thomas Huxley)。虽然人们常常认为,19 世纪后半叶科学的专业化使科学家的创作活动主要集中在科学论文上,但在 20 世纪 30 年代之前,还是有许多人都在编写教科书、撰写大众科普书籍和杂志文章。直到第二次世界大战结束之后,科学家才把主要写作精力投入研究论文中。

在 19 世纪之前,自然哲学家或博物学家可以在不出版任何著作或者论文的情况下仍能够获得较高的学术声誉。如果一位学者真正开始写作,更有可能是写一篇学术论文而不是一篇普通文章,那些真正写论文的人通常是为了在学术会议上做报告,而后续出版的论文则和会议报告又有所不同。科学发现以及发现的优先归属问题确实会出现在出版物中,但有关这些发现的报告却经常是由编辑或者记者撰写的。

1830 年,英国数学家查尔斯·巴贝奇(Charles Babbage)

在《对英国科学衰落的反思》一书中，对英国皇家学会的组织原则及其成员的遴选标准进行了批评。巴贝奇尖锐地指出，皇家学会的 714 名会员中只有 109 人曾在《哲学汇刊》上发表过文章，这意味着大多数会员不配享有现在的荣誉。巴贝奇将声誉与在学术期刊发表文章画等号的观点在当时还很新颖，但到 19 世纪末这已经成为接纳会员的基本标准了。现在，学术机构在遴选成员的过程中都要询问发表论文的情况，大学招聘教学研究人员亦是如此。另外，在 20 世纪，多位作者合作发表文章或者著作已经成为普遍现象，反映了科技领域大型研究团队的发展状况，特别是在战后发展迅速。

科学文章的风格、结构和语言的演变已经得到了充分的研究。17 世纪科学文献作者的表述方式有着鲜明的个人色彩和随意性，这种情况逐渐被标准化的文体所取代，到了 20 世纪中叶，随性的作者表达方式基本从学术研究论文中消失了。在 19 世纪，科技文章传播得更快，因为其句子更短，从句更少。到 20 世纪，以名词代形容词以及名词缩写的使用，使得文章更加简洁，但也使得普通读者更难以理解科技文章中的表述。目前在科技文献中已经常规化的标准模式：引言、方法、结果、讨论出现在 20 世纪 20 年代，到 1975 年，这个格式已经完全成为标准格式。

编辑和审查程序

那些同时是刊物所有人的编辑，比如奥尔登堡，有极大的权力决定期刊的结构和版式，取舍（或自己撰写）稿件，并根据自己的喜好摘录、释义和翻译文章。当一位编辑受雇来管理书商或出版商拥有的期刊时，他对期刊内容也有极大的决定权（但对期刊的商业控制权要少得多）。到 19 世纪中叶，已经可以看出学术编辑和管理或出版编辑之间的区别。不过在那个年代，这些专业编辑术语还没有出现。

致力于快速发布新闻的期刊依赖于高效和果断的编辑过程，这时候一个编辑的效率可能比一个编辑组的效率更高。尽管如此，许多编辑认识到，他们需要同事的协助来评估某些领域的文稿。早在 1701 年，《学者》杂志就成立了一个编辑团队，来协调杂志内容广泛性与个人知识局限性之间的矛盾。到 19 世纪 50 年代，《哲学》杂志和《自然历史年鉴》都有了联合编辑团队，每个编辑都在各自擅长的领域承担职责。《自然》的创办人洛克耶（Lockyer）则通过个人关系网非正式地征求外部科学人士的意见，使《自然》取得了同样的编辑效果。在商业期刊中，这种稿件评价方法一直持续到 20 世纪。

在 18 世纪和 19 世纪的学术社团中，编辑的决定通常是由社团内部的编辑委员会做出的。在法国科学院，这个委员会被称之为"图书委员会"（始于 1700 年）；在英国皇家学会则被称为"论文委员会"（始于 1752 年）。这样的委员会能够使学会的期刊享有与所在社团一样的权威性，同时也能够为编辑工作提供丰富的专业学术知识。与编辑团队不同，这些编辑委员会采取集体决策。早期编辑委员会的评估活动，加上论文在发表之前必须在社团会议上宣讲通过，这些举措都是现代评审流程的雏形，但还不能将这个过程称为同行评审，否则就忽视了它与真正同行评审之间的显著差异。

例如，英国皇家学会的论文委员会有权寻求额外的专业知识支持，具体做法是邀请皇家学会的另一位会员参加评审，会上他可以对所有正在审议的论文进行表决。而18世纪六七十年代法国科学院的图书委员会则会将论文提交给几位评审员，评审报告一般是评审员们共同撰写的，有时候还会摘录报告的部分内容和论文一起发表。从1832年开始，英国皇家学会开始实施向两名独立审阅人征寻书面评审报告的做法，这些报告的结果被用来作为论文委员会的决定私下通知作者。虽然这看上去更像同行评审，但应该指出，即使在19世纪后期，许多论文（包括大多数会议论文）都没有经过评审，作者通常不会看到这些评审报告，论文在送交审阅人之前也没有隐去有关论文作者的任何信息。

当学术团体致力于完善发表论文的流程，保证公平、合理和专家评审时，商业期刊的编辑们似乎觉得没有必要效仿。同行评审广泛应用于所有类型的学术期刊，学术界将其定性为知识生产中质量管控的保证，这种做法可能是在战后才出现的。这项举措的影响是双向的，因为在20世纪中叶，学术团体用个体编辑取代了编辑委员会，想必是在寻求一种更流畅的编辑过程。有些刊物后来增加了副编辑、编辑委员会或顾问委员会等职位和组织机构，借以表明刊物背后学术团体的支持，委员会成员同时也是备用的评审资源，这与18世纪的集体决策委员会有明显不同。

刊物的发行和读者

我们对科学期刊的发行、流通和读者情况知之甚少，仅有的一些了解也往往是在研究特定个人或组织的过程中出现的顺带效应。一个了解读者情况的替代方法是分析科学文章的参考文献，尽管这种方法只涉及本身就是学术作者的读者。

科学期刊，特别是由学术团体发行的期刊，有多种发行方式。其一是与其他印刷品一样，通过国内和国际的图书销售渠道发行。因此，在17、18世纪，在举行大型国际书展的莱比锡有一个好的代理人是刊物在国际上取得成功的重要因素之一。历史上有关刊物印刷数量的信息很少，但在19世纪以前，最常见的发行数字是500册、750册或1000册。

其二是出版社自己通过国际通信网络发行，其中很多是个别文章的预印本、选印本或者重印本，附在给朋友或同事的信中发出去。在19世纪的大部分时间里，100册是英国皇家学会选印的标准数量，直到20世纪中叶某些期刊仍然维持这个标准。

其三是学术团体通常会向会员提供期刊印刷版中的很大一部分内容（英国皇家学会在18世纪中期提供五分之二的内容，到19世纪初则上升到三分之二），有些团体会将该成本计入会费，而在另一些团体中，会员可以较低的价格购买学会期刊。许多学术机构的期刊从未经过常规的图书交易，因为他们有自己专属的市场，许多学术期刊至今仍在采用这种发行模式。

最后一种发行途径是各学术机构在全球范围内形成了相互交流的渠道，从他们的年度报告中能够找到这方面的信息。1877年，费城自然科学院院长就曾宣称他们的最新一期论文集已被斯特拉斯堡的皇家大学图书馆、慕尼黑的巴伐利亚皇家学院、利物浦文学和哲学学会、维尔茨堡皇家大学、乌普萨拉皇家科学院、圣彼得堡的帝国植物园、新南威尔士皇家学会和开普敦的南非博物馆等机构收录。反过来，向费城发送出版物的机构同样是全球性的和多领域的。这些交流可以确保全球学术机构都有各类期刊可供使用和参考。然而，这并不一定是建立图书馆的有效手段。由于英国皇家学会只进行了一对一的交换，而美国物理学会刊物的出版频率较低，所以他们拥有的英国皇家学会的《哲学汇刊》肯定是不全的。

结　论

在过去的几十年里，我们对各种以期刊形式介绍科学成果的方式有了逐渐成熟的了解，包括研究期刊和普通月刊。然而，这方面的大部分工作都是建立在公开发表的文献记录上，因此我们对期刊内容的了解远远超过了对作者、编辑和商业流程的了解。另外我们也对学术著作的作者和读者以及某些知识性话题，了解得比其他类型的作者、读者和内容更多一些。这在很大程度上是由我们可利用的资源决定的。所以，我们必须采用更多创造性的方法，比如已经数字化的资料，解决一些悬而未决的问题。我们对不同历史时期科学写作的意义及其回馈是如何随时间发生变化的已经有了充分的了解。但是，如果有更多的研究得以展开，如学者们新闻创作、书信写作、畅销书撰写以及在完全不同领域中的著述，那将是非常有趣的。而我们面临的更大挑战是了解除了学者以外的其他相关人员，比如科学文献的普通读者、图书馆用户、从事商业期刊运营和出版的编辑、记者和书商等，这些人留下的历史痕迹非常少。关于科学期刊（事实上，是关于所有学术期刊）的编辑和商业实践的发展，我们可能仅仅知道故事的起点和终点，以及一些关键角色的名字，如果从整体上考虑交流对科学知识形成认识论的重要性，那么未来的道路仍然崎岖。此外，目前关于科学期刊的未来运作方式、定价模式，以及编辑评审过程中的争论，这些都是历史学家能够做出贡献的热门话题。

第六章

教科书
经典教科书与科学的进程

【约瑟普·西蒙(Josep Simon)】[1]

约瑟普·西蒙在波哥大罗萨里奥大学教授科技和医学史。其著作有《传播物理学:加诺教科书在法国和英国的生产、流通及应用(1851—1887)》(*Communicating Physics: the Production, Circulation and Appropriation of Ganot's Textbooks in France and England, 1851—1887*, Routledge, 2011)、《19—20世纪物理教科书和教科书物理学手册》(*Physics Textbooks and Textbook Physics in the Nineteenth and Twentieth Centuries*, Oxford University Press, 2013),以及《科学教育百科全书——"科学史"》(*Encyclopedia of Science Education entry "History of Science"*, Springer, 2015)。他还撰写了大量有关科学、教育及其史学影响的文章。

倘若有一位外星来客肩负着了解人类科学艺术的使命，姗姗降落在墨西哥城的索卡洛（Zócalo）广场上，她会惊讶地发现，这座城市的家庭、学校、图书馆和书店里，到处都摆放着一个名叫萨尔瓦多·莫斯凯拉·罗尔丹（Salvador Mosqueira Roldán）的人编写的教科书。

经过初步查访，外星来客了解到，莫斯凯拉是一名工程师，他在墨西哥国立自治大学（National Autonomous University of Mexico）教授科学并编写教科书，职业生涯成果丰硕。他撰写的最成功的教科书《普通物理学》（*General Physics*）（1944 年出版，截至 1976 年已发行 21 版）和《基础物理学》（*Elementary Physics*，1947 年出版，截至 1980 年已发行 32 版）均由一家名为帕特里亚（Patria）的公司出版，该公司至今仍专注于出版教科书。这两部教科书曾被墨西哥教育部推荐使用，因此在墨西哥甚为流行。

在来访之前的准备过程中，这位外星来客已经阅读了各种体裁的人类知识成果，包括百科全书、工作手册、文章、专著、研究报告、实验记录和会议文献等。虽然亲眼所见莫斯凯拉的作品如此普及，但来之前阅读的所有参考资料却对它们只字未提，强烈的反差让这位原本充满信心的访客开始自我怀疑。

莫斯凯拉《普通物理学》一书的序言由墨西哥物理学会第一任主席撰写，书中的几个附录是由在墨西哥从事前沿课题研究的顶尖物理学家汇编而成。莫斯凯拉还翻译过几部美国教科书，在拉丁美洲广受欢迎，如罗伯特·雷斯尼克（Robert Resnick）和戴维·哈利迪（David Halliday）撰写的《理工科物理学教程》（*Physics for Science and Engineering Students*）。

在接下来的时间里，这位外星来客的困惑恐怕仍然难以消弭，看来教科书在学术界的地位并不高，地球上的人们显然将研究与教学区别对待，把研究看得比教学更有社会声望。莫斯凯拉的案例看起来似乎只是个例外，但事实并非如此。这恰恰表明，至少有成百上千个科学教科书案例仍在等待史学家的研究。那么，接下来的问题是，为什么莫斯凯拉的教科书具有典型性？这些教科书的境遇是应该引起科学史学家的注意，还是教育史学家的关注？抑或是图书史学家的事情？它们是否值得全世界史学家进行研究，还是只需要墨西哥史学家或拉丁美洲史学家就好了？

考虑到莫斯凯拉的职业（教师而非研究人员）和国籍（拉丁美洲人而非欧洲人或美国人），他在以前不大可能像今天这样在权威的科学史中拥有一席之地。但是，对一个快速发展的国家来说，他的教学成果可能会对物理学发展产生深刻影响。另外，这件事情也表明，研究科学知识在地方、国家及世界范围内编写、传播和被无偿使用等问题时，教科书也是一个研究课题。我们还可以研究其他科学教科书的编写和使用。

期 望

教科书和教育作为科学史研究重点的一个优势是围绕它们提出的问题在国际上普遍存在，而且与之相关的研究资源丰富。在讨论与科学研究相关的问题时，通常会从主要国家入手，然后逐步过渡到一些被影响的外围国家。不论一个国家在国际科学研究中的表现如何，或在当前科学史上是否拥有知名度，它都不可能没有自己的科学教育和教科书文化。尽管在科学教育史中，一些国家的环境可使自己的教科书比其他国家更加国际化，但我们不能因此而轻视其他地方或国家的教科书文化。

虽然19世纪的法国、德国和英国，以及20世纪的美国在科学史上享有突出地位，但笔者想在这里强调的是，史学家所认可的、科学史上的国家评级、时期划分和重要性标准并不一定适合科学教育及教科书的研究。教科书使人们有机会重新审视这些偏见。这些偏见既不应该被强制应用于科学教育，也不应该强加给科学研究。然而，这需要人们提高教科书在科学史上的地位，同时也应该进一步加强科学史学家、教育史学家、出版文化史学家，以及科学教育学者之间的进一步交流。

一直以来，科学史学家都对教科书很感兴趣，但这并未带来更多具有重要史学及方法论价值的研究。由于总体上呈现多样性，教科书通常被当作来源丰富的工具，但很少有人研究它们的特性，这种缺失表现在两个方面。其一，教科书是一个巨大的资源库，能够提供各个特定时期标准知识的基本信息，但却从未被当作一个独立的历史研究课题；其二，教科书不仅能够传授知识，而且能够转化知识。教科书科学经常被归为研究科学，因为史学家们更喜欢分析研究由杰出研究人员编撰的教科书，但他们这么做只是为了完善那些名家全才的形象，而不是为了改变教科书研究的现状。

在传统观念中，人们比较重视科学文章和论著，在过去几十年中，实验记录等第一手科研资料也成为科学史的重要研究对象，而教科书在科学史中的地位则相形见绌。有趣的是，以前关于科普读物和期刊的研究在科学史研究中有类似的遭遇，但近年来却成了科学史的核心研究资源。这是一个可以借鉴的范例，可以利用科学普及和教育的关系促进教科书地位的提高，当然在这个过程中也要考虑它们之间的主要差异。

研究科学教育和教科书有助于打破科学教育中的传统学科划分，也可打破这种划分对科学史产生的影响。教育的覆盖范围极广，因此可以着重找出与所有学科及学科历史相关的史学问题。美国哲学家托马斯·库恩（Thomas Kuhn）所著的《科学革命的结构》(*The Structure of Scientific Revolutions*) 一书，便是一个很好例证，这本书对整个科学史产生了普遍而深远的影响。库恩在书中采用了大量学科范围广泛的科学案例解释他的观点。在很长一个时期里，他围绕教科书和科学教育提出的前提和假设，对研究科学史的主要著作产生了深刻影响。

历史背景

库恩的成果显然是时代的产物。它反映了物理学、教育学、科学史、科学哲学和政治学的具体发展情况。史学界对这些发展进行评估是为了了解其中的作用和局限性。库恩围绕教育和教科书提出的观点并不具有颠覆性，因为这些观点一直都很普遍，尤其是在学术界。1951 年，库恩以"教科书科学与创造科学"为题，做了一次演讲。当时他便认为，教科书中的知识结构反映的是创造过程，人们可以从中获取知识。值得注意的是，这并不是教科书的科学特性，而是大多数科学著作共有的特点。

库恩认为，从 19 世纪早期开始，科学的一个显著特征是：通过教科书完成的科学教育达到了其他知识领域远未达到的程度。教科书在概念结构上呈现出惊人的一致性，只是因内容程度不同而在主题和教学细节上存在一些差异。通过教育传播科学知识，其中当然也含有知识灌输的成分。虽然在 19 世纪之前还没有系统性地使用教科书，但那些通常被称为经典的作品，例如亚里士多德、托勒密、牛顿、富兰克林、拉瓦锡或莱尔的论文，因为被广泛接受和认可，实际上也起到了与教科书类似的作用。

20 世纪三四十年代，科学史学家乔治·萨顿发起了一项倡议，开拓以"早期科学教科书研究"（19 世纪前出版的经典科学论著）为基础的科学史研究方向。他希望通过考察教科书内容随时间（连续版本）和空间（不同译文）发生的变化来追踪"科学的进化"过程。萨顿明确区分了早期教科书和 19 世纪下半叶以后出版的教科书，因为后者内容过于丰富，而且采纳新知识的速度过于迅速，所以并不适合纳入他拟定的研究方向。

萨顿强调，"只关注科学领军人物和先锋人物的科学史会使人对科学史全貌产生错觉"。但他自己却把注意力放在了拉瓦锡、惠更斯、牛顿、富兰克林及欧拉（Euler）等重点人物身上。他坚持认为，最受欢迎的教科书之所以能成功，部分原因在于它们内容通俗、综合性强以及选材富有灵活性，而不是像有些自以为是的作者那样不考虑读者的感受。

20世纪初，法国哲学家加斯顿·巴什拉（Gaston Bachelard）提出："当代物理学教科书为孩子提供了一种非常社会化、固化的科学……这种科学竟被认为来自自然，但实际上并非如此。相比之下，18世纪的科学书才是真正始于自然，因为那时候'前科学时代'的一些思想尚在，而且没有规范约束……而18世纪之后的科学思想则出自正规实验室，然后再编纂到教科书中。"

在关于科学论著和教科书之间基本区别的问题上，巴什拉、萨顿和库恩的观点十分相似，而且，他们对教科书历史的时代划分也基本一致，都认为19世纪是教科书编写史的转折点。巴什拉和库恩一致赞同当代教科书在科学构建过程中发挥了重要作用。他们认为，教科书是正规科学的资源库，并在这个观念的基础上为教科书分出不同的等级，其等级结构和萨顿曾经给出的概括性描述也十分相似。

萨顿有两个观点在今天特别引人注目。其一，他认为，现代教科书过于繁多，对科学信息的更新过于迅速，因此对科学史学家来说，它们没有任何价值。相比之下，在过去几十年间，科学史学家大量使用了19、20世纪的教科书，作为研究它们在漫长岁月里发展变化的可靠依据。此外，也有人认为，教科书在吸纳新科学知识的过程中肯定会存在一个延迟时间差，因为正规科学会抗拒改变，而且教学和教科书是研究成果和研究论文的次生产品。其二，萨顿曾断言：最流行的教科书并不一定最具有代表性，巴什拉也认同这个观点。但是根据当前史学界有关科学普及和科学阅读的研究成果来看，萨顿的这个观点并不严谨。尽管如此，这个观点至少反映了在科学史学中，判断文献价值仍然没有统一的标准。

界　限

从 18 世纪中期至 19 世纪中期，教科书这个词出现在多种语言中，是指专门为正规教育中指定教学目标编撰的书籍。这个词的词根在此前的几个世纪里便已存在。那时候用于教授学生的课文或者摘自《圣经》，或者是一些被现代人誉为"古典大师"的人的作品。课文行与行之间会留有空隙，便于学生在听课时记笔记。

在课堂上记笔记的做法历史悠久，但在科学史上却疏于研究。这类做法常常有助于后人编写教材，或者将其整理成为教科书的内容。笔记可以用来追踪知识被逐渐标准化、最终成为教科书的过程，也可以帮助史学家们了解课堂上的真实情况，揭示从纯粹的教科书上看不到的有关古人学习的线索、教科书的使用情况，以及未围绕教科书进行的其他教学活动。

在 19 世纪的一些国家里，针对不同年龄段学生、采用不同教学类型及体制的学校，教科书的种类和内容各有不同，但它们的核心内容是一致的。在不同的语言中，有不同的术语被用于指代教科书，但总体上，这些名词会和特定课程、特殊教学目的、课文主题等因素相关，这样的术语设计旨在便于年轻学子们掌握和使用。20世纪时，教科书一词逐渐成为标准称谓。[2]

除了名称和内容的匹配之外，一本教科书的主要特性是在教学过程中的应用价值以及权威性。教师或学生可能更喜欢在教室、图书馆或家里使用教科书。有些书最初出版的目的并不是用于教学，但在实际中被作为教科书使用以后，便自然获得了教科书的殊荣。教科书的权威性是建立在教学中的。不过也有反过来的情况，那就是很多书被选为教科书，是因为它们已经有了权威性。这种权威性可以来自不同的渠道，如某个政治、科学或教育部门的认可、出版商的营销能力或作者的声望。

当萨顿和库恩使用"经典大师作品"这个词时，是指某些作者享有较高的科学声望，或是因为这些作者的作品得到了同时代人的认可，或是它们得到了现代科学史学家们的认可。但要使一本书成为经典，还取决于广大读者及出版商是否对该书拥有持久的兴趣。由于学校里存在大批读者，且一定阶段的学校教育能够对几代人产生文化影响，因此必定会使某些被长期使用的教科书成为经典。不过值得注意的是，经典书籍在大革命之后的法国是被用来指代中学教科书的。科学教科书的权威性不仅仅来源于科学实践，也来源于教学实践。

学者们经常用"论著"这个词指代具有科学权威性的书籍。这些论著有时被用于教学，甚至专为教学而设计，因此它们也会被称为教科书。两者的区别很重要，因为一些研究人员会编写教科书，并将自己的研究纳入其中，而另外一些教科书作者的主要实践经历是教学和写作。如安托万·拉瓦锡（Antoine Lavoisier）的《化学原理》、托马斯·汤姆森（Thomas Thomson）的《化学系统》和雅各布·贝尔塞柳斯（Jacob Berzelius）的《化学教科书》。这类侧重科学研究的人撰写的教科书与尼古拉斯·德甘（Nicolas Deguin）的《基础化学课程》、爱德华·特纳（Edward Turner）的《化学基础》及尼尔斯·约翰·贝尔林（Nils Johan Berlin）的《无机化学基础》这类教职人员撰写的教科书相比，风格完全不同。尽管如此，由于这些作者都拥有广泛的读者群，因此他们编写的教科书都具有相当的影响力。另外，他们都经历过不同程度的教学与研究实践，参与构建了化学学科。

在科学从业者的职业生涯里，教学与研究一直是两个相互关联的活动，但编写教科书需要做一系列选择，在这些选择中内容和形式同样重要。由于教科书能够为一门学科提供基础、全面、标准或新颖的介绍，它可以从研究和教学两方面对一门学科的形成产生重要影响。因此，教科书编写一直是科学实践中的一项重要活动，也是为其撰写者赢得声望的主要途径。然而，科学史学家们常常忽视了这个历史课题。

总而言之，教科书具有不同于其他书籍的鲜明特性，主要表现在用于正规教学和在教学以及科学领域拥有权威性。有学者明确指出，教科书是 18 世纪末期至 19 世纪中期出现的一种新的类型。在此期间，国家中等教育体系得以扩张，于是出版商们顺应市场，提供了这款定义明确的新产品。然而，科学教科书史不应局限于这个时间划分。只要有文献在教授科学的过程中发挥了重要作用（比如在中世纪大学中采用的教学文献），那么研究它们不仅能够了解到科学领域中的各个分支学科,也有助于认识科学随时间进化的总体图景。毫无疑问,经典作品的读者及其阅读内容和过程都值得研究,事实证明哥白尼的《天体运行论》就曾用于课堂教学。问题是《天体运行论》内容十分深奥,古人为什么没有选择更通俗、阅读面更广的著作作为教科书呢?比如萨克罗博斯科(Sacrobosco)的《天球论》。一本书如果流传广泛而且持久,便容易成为经典,但如果教科书的作者声望平平,科学史学家一般会对将他们的著作归入经典表现得比较犹豫。

学 科

虽然教科书可以成为跨学科史学研究的史料,但到目前为止,科学教科书史的编写仍在依照学科划分。化学史学家在这个领域处于领先位置,而物理史学家开展了一些重要的案例研究,并引入了新的科学教学研究方法。此外,以教科书为重点的研究目前开始出现在生物史学领域。这些只是几个主要的例子。

1919年,诺贝尔化学奖得主威廉·奥斯特瓦尔德(Wilhelm Ostwald)指出,化学教科书史对解决现代科学中的方法论问题极有价值。几年之后,在《17世纪初至18世纪末流行于法国的化学学说》一书中,法国科学史学家伊莲娜·梅斯热(Helène Metzger)将教科书用作撰写(化学)思想史的主要资料来源。在20世纪70年代,英国史学家欧文·汉纳威(Owen Hannaway)曾指出,化学学科的形成是通过在课堂里使用教科书和履行教学传统完成的。后来,弗雷德里克·霍姆斯(Frederic Holmes)也提到了化学教学与研究的互补性。20世纪90年代，欧洲的一个史学研究项目促成了《化学交流》(Communicating Chemistry)一书的出版，成为描写该领域研究方法大全的参考书。

这部论文集包含了针对教科书历史价值的综合评价和各种可能案例的研究，如对特定国家的文献进行考察和初步分析；尝试将教科书和通俗读物的交叉点作为待研究的问题；对授课讲义和教科书的关系进行探索性研究；分析教科书中男女作家写作的内容特点、实际训练的资料、学科和新理论形成因素以及对教学与研究创新的综合体进行研究；将教科书编写视为一项国际合作事业；同时涉及历史和教育内容的教科书，等等。

这项由加西亚-贝尔马(García-Belmar)、贝托梅乌(Bertomeu)和邦索德-文森特(Bensaude-Vincent)参与的集体研究工作仍在持续进行，他们已经研究了19世纪的许多化学教科书，并在2006年出版了一部新的论文集。另外，在2003年出版了集合10年重要研究成果的《教科书科学的出现》一书。这本书全面介绍了大革命至19世纪中期通用化学教科书在法国的诞生历程。它分析了化学教科书的读者群，国家对教科书出版的推进与控制，随着化学教学扩张兴起的专业出版行业，可界定化学学科结构及呈现方式的教学和科学决策，以及实验、理论和历史在教科书中的地位，等等。这部对化学教科书做了全面研究的著作除了参考了一些古典大师级的作者，如拉瓦锡和安托万-弗朗索瓦·富克鲁瓦(Antoine-François Fourcroy)，也参考了一些不知名的作者，如尼古拉斯·德甘和亚历山大·梅塞斯(Alexandre Meissas)。书中将法国化学家路易-雅克·泰纳尔(Louis-Jacques Thénard)撰写的化学教科书《基础、理论及实践化学专论》作为教科书模型进行了重点解析。

物理学科也有类似的研究。冈特·林德（Gunter Lind）考察了18世纪至19世纪中期德国所有常用的物理教科书，并围绕书中有关数学描述、物理理论和实验等问题，对克里斯蒂安·沃尔夫（Christian Wolff）、彼得·范·木森申布鲁克（Pieter van Musschenbroek）、雷内-朱斯特·豪伊（Renè-Just Haüy）和卡尔·卡斯特纳（Karl Kastner）等人编写的教科书做了案例研究。他的思路主要是通过教科书描绘物理史，所采用的方法与梅斯热的化学思想史或约翰·海尔布伦（John Heilbron）在《近代早期物理学基础》（*Early Modern Physics*）中使用的方法十分接近。上述这些成果的优点在于它们对教科书文体结构做了广泛考察研究和概念分析。缺点是他们对教科书本身缺乏兴趣，而且把知识视为非物质性的存在。他们没有针对主要资料来源提出相应的问题和解释，以说明为什么他们选择使用教科书，而不是其他类型的科学文献作为研究对象。类似的模式也出现在史蒂芬·布拉什（Stephen Brush）等人撰写的作品中，他们通过参考大量的教科书文献，从而描绘了科学思想的诞生，比如气体动力学理论的产生。受科学教学研究最新发展的影响，近来在史学界新增加的一些研究内容，包括恢复了对当代物理学热门领域基础教科书的研究，对科学史产生了重大影响，但对教科书的研究贡献不大。[3]造成这种局面的原因是他们的研究重点主要是学科，其次才是教学，而教科书的研究则需要在这两者之间做出平衡。

阿道夫·加诺（Adolphe Ganot）编写的19世纪最畅销的物理教科书便是一个例子，从中可以看出在研究重点上做出更好平衡和采取跨学科研究方法的必要性。加诺是一位科学教师，一般而言，他的作品不会引起史学家们太大的兴趣。然而，他编写的教科书在19世纪下半叶成为全世界很多国家大中小学和其他领域使用的物理学标准教材。通过研究这些教科书的生产、流通及改良可以发现，在19世纪的文化里，医学与科学教育、教学与研究之间的界线较为模糊。一部基础的教科书可以引导我们总结物理学的形成历史，在这个过程中，学校教学、与教学相关的写作、书籍的出版与发行，以及学习和阅读都是有效的实践手段，国际交流也为这个过程起到了完善和纠偏的作用。这方面的研究成果有可能对已经被普遍接受的物理学学科特征、发展时期以及地区贡献的划分提出新的挑战。史学家们可以采取跨学科的方法，将科学史、技术史、医学史、教育史、书籍史及科学教育学一并纳入研究范围。[4] 这样一来，在库恩的教科书研究之外仍然别有洞天。

不过在生物学教科书的研究中仍有必要延续库恩的工作。在这里，我们把各类教科书看作规范科学的来源，它们的功能包括描绘知识特性、追踪它们随时间变化的过程，确定科学理论被接受的时间，识别科学工具生产和流通过程中的主要变化，而且，更独到之处是还可以描述专业研究领域的形成特征。生物学领域的一个独创性还在于最先开启了科学与宗教的辩论。从更广泛的角度而言，教科书可以在政府、市场和学校的交汇领域充当重要的政治角色，塑造教学观、科学观以及文化和民族理想。基于这项基本特征，已经有大量国际学术研究围绕历史及文学等教科书展开，但在科学史领域却鲜有响应。而生物学，尤其是进化论，似乎是特意为弥补这个空白出现的。

然而有些怪异的是，在科学史中研究书籍文化发展的两个主要领域——进化论和博物学的研究中，鲜有关于教科书和学科教育方面的研究贡献。詹姆斯·西科德的成果充分表明，书籍历史会对学科及学科普及研究领域产生巨大影响。已经有一些作者揭示了科学普及、非正规教育、正规教育和大众传播之间的有趣关联。相对于通俗和流行读物，正规教育和教科书的特殊性并非总能得到充分认可。这在一定程度上与编史传统中的国家偏见有关。

在如何从事科学教育和科学教育史研究方面，不同的国家有不同的方法和态度。一般来说，欧洲大陆和拉丁美洲的科学史学家对正规教育和教科书研究表现出一定的兴趣，而且认可由国家主导教育的历史意义。北美史学家在这个领域的研究成果也越来越多。相比之下，英国科学史学家则表现得不那么热衷于探讨正规教育与科学教学的相关性。[5]

在 19 世纪的英国，国家一般不热衷于插手教育机构的事物，这一点与其他国家形成了鲜明对比。但通过私人倡议和间接的政府干预，英国在这方面也采取了一些相关行动。不过英国科学史学家们几乎没有研究过任何这类历史事件。他们比较关注普及活动及非正规教育，这虽然为史学研究带来了新的工具和方法，但也会掩盖其他相关的历史证据。英国在科学普及研究方面产生的国际影响，也突出了国际范围内的跨学科交流问题。

这种情况是阻碍科学教科书研究与科学普及研究相结合、提高教科书研究学术地位的问题之一。如果想更好地整合这两个密切相关但又明显不同的领域，必须处理不同学科之间的交叉融合问题。科学史学家一般会关注开展研究的场所——大学，教育史学家却把研究小学教育放在首位，因为他们认为，小学开展的教育是社会建立的基础。

未 来

振兴科学教科书研究的方法之一是解决科学史、教育史和书籍史交叉领域的主要问题，并探索科学教科书研究与当代科学教育研究、科学技术研究、科学传播、写作研究、话语分析及视觉研究之间的联系。另外一个途径是利用科学教科书研究为解决当前科学史中的核心问题做出直接贡献。这两种选择可能获得的是相同的效果。

如果我们试图在科学史研究中找到一个新途径，使其建立在打破科学形成与传播之间界限的基础上，那么很显然，教育和教科书的研究必将发挥非常突出的作用，因为在科学知识的传播过程中，教科书在定量和定性意义上的重要性都不容忽视。科学史已经从单纯的科学思想史和政治精英史转变成为一个承认科学知识受社会、政治及地理因素影响的领域，一个非专业人士也会参与其中，而且能够对知识生产做出贡献的领域，以及一个产品会受到市场力量影响的领域。教科书身处市场、政府和学校教育的交汇处，能够体现来自所有这些方面的影响和干预。

教科书的编写显然涉及知识的界定，因为这个过程是要把一门学科的核心知识组织起来，再用特定的形式传播出去，所有这些都是以明确的教学、科学、政治及经济目标为前提的。这些选择都是将科学学科规范化的关键因素，而且都超出了纯粹方法论和制度结构的范畴，因而教科书的编写在实践中被定义为以传授为目的的知识组合。出版教科书不仅需要印刷技术人员的劳作，也需要出版商制定营销策略。出版商的作用并不仅仅是提供书籍包装和商店橱窗，他们的作为同样会直接影响到知识的形成。一般来说，地方、区域及国家政府是决定教科书内容和形式的主要力量，因而几个世纪以来，教科书对学校里青少年的文化、政治及职业倾向都会产生重要影响。

当我们开始考虑当代社会中政治和社会形态在科学专业形成中的作用时，就不能不顾及历史，简单地以为这个过程只是众多个体的当前行为促成的。在当代社会中，教育的作用被限制在传授大学认可的专业知识上。通过教科书完成学校教育不仅在生成交叉专业知识中发挥了主要作用，而且在建立公民世界观，了解他们知道什么、在做什么，以及他们是谁等方面也起到了很大作用。研究教科书及其使用情况能够帮助我们了解专业知识在社会中的形成过程。

虽然国家历史在科学史中已不再是核心内容，但科学史研究通常还是在国家框架下开展的。教科书研究会为科学与国家的共建、为国家科学水平的认知提出需要考虑和解决的问题，我们也可以通过教科书跨国流通的现象去了解不同国家在文明接受过程中发生的变革。

科学教科书的研究已经证明，这些研究很适合用来完善比较史和国际史，因为发展教科书这项事业往往通过翻译和国际交流与合作跨越了国家之间的界限。在19世纪，随着大型出版社的建立，图书资本经济的兴起是由面向国内和国际大众教育市场的教科书生产推动的，其中科学教育的扩展发挥了重要作用。当时成立的许多出版公司至今尚在。

科学史在尝试向更加全球化的方向发展,在这个过程中,教科书的研究具有很大潜力,可以将很长一段历史时期内的地方、区域、国家和国际背景下的研究联系起来。

第七章

科学演讲
科学的普及之路

【迪尔米德·A. 芬尼根(Diarmid A. Finnegan)】
迪尔米德·A. 芬尼根是英国贝尔法斯特女王大学地理学、考古学和古生态学学院人文地理学专业的高级讲师,主要研究 19 世纪科学与宗教的文化地理学。出版著作《维多利亚时代苏格兰的博物学社会和公民文化》(*Natural History Societies and Civic Culture in Victorian Scotland*, Routledge, 2009),并发表多篇有关维多利亚时代英国和爱尔兰科学文化的文章。

演讲作为一种表达形式，很难简单地描述它的特性。对社会学家埃尔文·高夫曼（Erving Goffman）来说，演讲是一种冲击力强且启发听众直接并自然地领悟真理的一种交流方式。根据高夫曼的说法，这是通过发言者的肢体和语言表现、修辞手法的应用，以及演讲现场的仪式氛围达成的合成效果。基于这些方法，公共演讲可以使原本晦涩难懂的概念和思想变得生动可信。但对另一些人来说，公共演讲不仅没有达到传播真理的效果，反倒会令人感到不安和困扰。传播史学家沃尔特·王（Walter Ong）认为，在公共场合中采用演讲方式传授知识本质上具有引发争论和对抗的潜在风险。因而演讲和其他形式的公共演说不仅无助于达成共识，反而会激化社会冲突，扰乱社会和谐。这两个相互对立的观点表明，演讲可以提供传授科学知识的机会，但也会带来重大风险。可以肯定的是，向大众介绍科学，将科学家和科学也纳入了公共演讲的阵营，让人们对公开演讲的影响力有了更高、更广的期许。

面对公共演讲中存在的机会和隐患，英国皇家学会创始人要解决的一个棘手问题是如何有效并且令人信服地传授科学知识。众所周知，托马斯·斯普拉特（Thomas Sprat）[①]在描述皇家学会的历史时，批判了"装腔作势"和"虚张声势"的行为，他建议回归最朴实的讲话方式，尽可能采用最直白的数学表述。斯普拉特之所以对语言的滥用感到焦虑，是因为他担心"装饰性的表述"中那些本来只是"装饰的成分"可能会产生强烈的效果。奥斯陆大学教授蒂娜·斯库恩指出，斯普拉特并非要完全排斥科学话语中的修饰成分，而是希望恢复对修辞的正确使用。在随后的几个世纪里，无论是在演讲还是写作中，对修辞艺术的矛盾心理持续困扰着关注科学传播的人。

在不失去观众注意力和兴趣的前提下将科学演讲做得富有独特魅力，不同于其他形式的公共演讲，这是科学演讲者长期面对的问题。比如在17世纪时，英国皇家学会的会员就曾经考虑过在演讲中应该加入多大程度的幽默或成分才不会喧宾夺主，或者应该将观众的好奇心激发到什么程度才比较合适。一方面，这些幽默或者其他额外元素可以唤起听众对演讲主题的兴趣；但另一方面，将高雅严肃的科学与相对庸俗的喜剧效果放在一起未尝不是在冒险。18世纪时，科学逐渐从被外界看来有些神秘的学术世界进入了公共领域，因此科学演讲面对的挑战愈加严峻。在英国，如果未受到皇家学会的赞助，演讲者在推广牛顿科学学说时需付出更多的努力，因为他们的演讲有可能被指责为欺骗，或者内容粗浅失真。18世纪90年代时，化学家约瑟夫·普里斯特利（Joseph Priestley）及其追随者曾经利用绝妙的化学演示激发人们的好奇和

[①] 英国主教、文学家，皇家学会的创始成员之一。

热情,甚至引起骚乱,因此遭到了一些人的谴责。

自 19 世纪起,科学事业开始逐渐职业化,因此谁可以向公众宣讲科学知识的问题逐渐有了明确的答案。然而,这种权威意识的形成不仅过程缓慢,而且地区分布也不均匀。在英国,那些努力促使科学获得国家更多认可和推动建立更为精确科学标准的人,对将科学事业转变成为一种正式职业难免心态矛盾。直到 19 世纪末期,科学界依然认为,探索知识是为了获利,而不是发现真理。美国的情况亦是如此。因此,虽然一些科学演讲者并不一定是得到认证的从业者,但他们仍然占据了演讲市场的很大份额。事实上,缓慢的科学职业化过程为从事科学普及的人创造了新的机会,他们成了介于新出现的职业科学人士与普通大众之间的中间人。

不管怎么说,此时确定谁可以成为公共科学演讲者的任务已经完成,这个群体的构成基本都是男性。过去,女性想成为演讲者十分困难。想证实这一点并不难。例如,1839 年至 1898 年间,大批演讲者被邀请至著名的洛厄尔协会(Lowell Institute)做演讲,但没有一位是女性。虽然从英国科学促进会(British Association for the Advancement of Science)成立初期开始,女性便可以在分组会议中做演讲,但直到 1968 年,才有一位女性会长有机会在协会发表演说。位于伦敦的英国皇家科学研究院(Royal Institution)从 1825 年开始举办著名的圣诞讲座系列,但直到 1994 年,英国作家苏珊·格林菲尔德(Susan Greefield)才成为第一位在该讲座中发表演说的女性。更早期虽有一些例外,但也从许多方面印证了这条规则。例如,1732 年,意大利自然哲学家劳拉·巴西(Laura Bassi)成为第一位在欧洲大学任教的女性。在其首次公开演讲中，劳拉向博洛尼亚大学（University of Bologna）理事会表示感谢，"因为他们给予了自己在公众面前演讲的最高礼遇，这超出了我的要求和梦想"。随后，劳拉在每年举行的解剖学狂欢节上多次露面。面对一群博学的观众和难以驾驭的狂欢者，她也能围绕一系列科学主题侃侃而谈。虽然这类女性作为主讲人的公共演讲看似很激进，但实际上有其特殊背景，尤其是在狂欢节，人们原本就习惯于在此类节日中颠覆社会等级，因此劳拉的科学演说便不再显得那么突兀和具有威胁性。

还有一点必须承认，经常出现在英语学术研究历史中的演讲者，几乎全部都是欧洲人。然而，越来越多的人开始重视科学知识生成过程中的跨文化交流，因此，将科学演讲视为典型的西方传播模式是一个有待商榷的问题。和其他科学实践一样，科学演讲并不是一个完全稳定的传统，它也受到跨文化活动的影响。例如，最近关于自然哲学家兼巡回演讲者詹姆斯·丁威迪（James Dinwiddie）的一组研究论文显示，在演讲厅进行实验演示虽是独特的欧洲传统，但在欧洲与亚洲文化的接触和交融中，这项传统在亚洲也得到了重新演绎。

因此，科学演讲可被理解为一种动态的、不太稳定的传播实践。这些实践受到了不同地区不同文化的影响，但反过来又有助于改变这些地区。本章随后将依次探讨科学演讲如何接纳并调整各种视觉及声音技术，如何挖掘肢体语言交流的潜力，以及如何应对为科学演说营造场地和吸引观众的挑战。

科学之剧

如今,人们很难想象一场缺乏图像诠释或实验演示的科学演讲是什么样的,然而,科学演讲所具有的高度视觉冲击感并非与生俱来。在 19 世纪初期,德国哲学家约翰·戈特利布·菲希特(Johann Gottlieb Fichte)曾抱怨道:德国大学的教师依旧照着准备好的文稿为学生照本宣科。菲希特认为这样的授课方式已然过时,因为学生手头均备有相应的书籍。菲希特的不满源于长期以来的教师口授、学生做笔记的知识传授方式。在近代早期,这种模式并不利于人们创造性地应用图像和实验演示。近代早期的教师站在位置突出的讲台或主教席上为学生解释说明文本,学生据此做笔记,这当然也是一种交流技巧。相比于视觉效果,这种方式更注重言语效果。因此,这种场景更像是教堂布道,而不是剧院演出。

当然也有例外,解剖讲堂便是一个例子。早年的身体结构解剖演示可以称之为奇观,用来做演示的讲堂被生动地描述为"剧场"。现存最古老的例子是帕多瓦大学(University of Padua)于 1595 年建成的、可容纳 200 多名观众的永久性解剖讲堂。为防止尸体快速腐烂,这些讲座一般在冬季开展,并利用烛光照明。并不理想的观察条件反倒凸显了视觉效果。这种解剖讲座之所以对医学生之外的群体也具有吸引力,很大程度就是因为它们具有戏剧性的视觉效果。被解剖的身体成为解剖学及后来的人种学讲座的主要道具,对喜欢恐怖主题的公众来说,它们具有一种既令人兴奋又毛骨悚然的吸引力。在乔治王朝时期，伦敦的解剖演讲者不仅仅发挥着教员的作用，他们还是"人体的展示者"。医学讲座充分利用了解剖教学与恐怖表演之间的模糊界限。

18 世纪时，吸引公众眼球的不只是尸体。那时候自然哲学讲座也日益流行，而且伴随着频繁的实验演示。以 17 世纪开始出现的实验哲学为基础，演讲者们争先举办极具观赏性的演讲活动，在这些活动中，视觉观赏的成分几乎彻底取代了语言陈述的功能。这些活动大大增强了那些四处演讲者的声望，却削弱了大学教授们的信誉。这类实验文化的显著拓展有助于将科学演讲转变为公共活动。这就是科学史学家邦索德-文森特和克里斯汀·布隆德尔（Christine Blondel）所说的轰动题材具有的认知力量。科学演讲就此拓宽了视觉和审美文化的范围，成了其中的最新组成部分。

如果说，18 世纪科学演讲中实验文化的兴盛部分依赖于公共表演所具有的广泛吸引力，那么这些演示对自然的不同解释则反映了它们在演示方式、质量和意义上的不同。这项 18 世纪历史传统的两位继承人迈克尔·法拉第（Michael Faraday）和威廉·斯特金（William Sturgeon）从事的实验便很好地说明了这一点。正如英国科学史学家伊万·莫鲁斯（Iwan Morus）所说，法拉第一般不会用他的实验仪器吸引别人的注意，但斯特金则不然，他专门设计开发了一些设备，让实验的实际运行过程清晰可见。莫鲁斯认为，对斯特金而言，宇宙自身的运作方式就像是一台电设备。但法拉第对机械装置和物理世界的关系持有不同观点，他认为，"自然应是由空间中力的作用线组成"。在电设备的运行过程中，力作用线并不可见。因此，研究重点应该超越仪器本身，指向不可见的物理现实。值得注意的是，法拉第在向公众演示的实验中所采用的技术从效果上看，非常类似于专业魔术师们使用的技术。

热衷于在科学演讲中营造视觉奇观的风气一直持续到维多利亚时期。为吸引观众，科学演讲者们会优先考虑视觉效果，其中最著名的是伦敦皇家理工学院（Royal Polytechnic Institution）的科学家约翰·亨利·佩珀（John Henry Pepper），他是一位颇受欢迎的演讲者。佩珀在演讲中充分利用了当时流行的光学错觉现象，为此，他不仅借鉴了实验物理学的知识，甚至还大胆地借用了一个历史古老的魔术。他创造的一个标志性光学幻象被称为"佩珀幽灵"，吸引了成千上万的观众前来参加他的光学讲座。在佩珀的演讲中，视觉效果充当了媒介，将"与世隔绝"的科学研究、娱乐表演和近景魔术有机地融为一体。

显然，在科学讲座中使用视觉辅助工具对演讲者和观众都产生了巨大的吸引力和影响力。然而，不管这种做法有多少优点，它同样会带来很大风险。因为始终存在保持科学传播形式不同于其他公共表演形式的观念。在科学知识传播中刻意追求视觉效果可能付出的代价是模糊了科学与其他领域观察方式之间的界线。另外，在不同的时期和场合，经常有观察者表达这样的忧虑：强调震撼感和视觉效果的模式极易被政治力量利用，因此可能会威胁到社会的稳定。出于这些原因，在研究讲座案例时，不仅应该研究它们想要表现的内容，还应该研究它们刻意隐藏的内容。

科学之声

视觉展示的使用及演示形式的日益增多并不一定会削弱语言宣讲的分量。相反,视觉演示的广泛使用可能会增强演讲中语言表现的重要性,除非有些演示本身已经足以清楚地表明科学内涵。一直以来,现代科学演讲始终都需要保持视听并重的模式,差别仅在于两者之间的比重分配。有时,科学演讲不得不与其他形式的公共演讲进行竞争,争取听众。在这样的环境中,如何掌控好科学演讲的节奏和修辞是演讲者需要认真考虑的重要问题。在争论这个问题的同时,人们也会讨论科学本身具有的独特性。现代科学被广泛认为是不受个人奇思异想和意识形态左右的中立思维体系。因此,将科学演讲与其他形式的口头表演区分开很重要。科学演讲不应该是一场布道、政治演讲、戏剧表演或法庭陈述。但为了与观众建立联系,并在公共演讲文化中为科学演讲创造空间,科学演讲者又常常需要借鉴各种不同的演讲模式。

以维多利亚时代的英国为例。当时,科学演讲者不仅会尽力满足公众的视觉需求,也会力图在语言表现上不落下风。在那个演讲盛行的时代,科学话题不再是英国演讲文化中的主流,围绕其他主题(文学、艺术、宗教、旅游等)的演讲占据了大部分市场,在有些社会环境中,这种情况甚至导致演讲中视觉演示部分受到削弱。精心制作一场"语言奇观"变得和展示引人注目的演示图像同样重要。例如,维多利亚时代的演讲界每年会举办各种主题的系列演讲,其中的科学演讲也呈现这种趋势。

认识到这一点有助于我们理解为什么在维多利亚时代，有一些著名科学演讲者非常重视学习具有更佳效果的演讲方式。例如，迈克尔·法拉第在其职业生涯初期便通过听课和征询建议向演说家本杰明·斯马特（Benjamin Smart）学习和请教。法拉第认为，"成为演讲者的必备条件是拥有良好的演讲方式"。对法拉第来说，卓有成效的科学讲授建立在卓有成效的讲授科学上。他坚信口头传授是向感兴趣的听众传播科学的基本模式，因此对出版自己的授课讲义表现得十分犹豫。显而易见，印刷文字无法重复他在演讲中演示的实验，当然更无法捕捉到演说的活力，而法拉第认为，正是这样的活力为他的科学阐述注入了生命和意义。

虽然法拉第那么仔细深入地探索演讲方式显得有些不寻常，但作为另一个极端，托马斯·赫胥黎在1860年与英国主教塞缪尔·威尔伯福斯（Samuel Wilberforce）展开了著名的大辩论后，才勉强承认学习公共演讲技巧的价值。赫胥黎意识到了自己至少在演讲设计和发声强度上需要有所改进。约瑟夫·胡克曾向达尔文报告道："虽然赫胥黎的演说有所改善，但他还是未能让大型演讲会场中的所有观众都听到他的声音。"[1] 即便赫胥黎后来开始训练自己的措辞和演讲方式，他也不仅仅是为了让声音传得更远。赫胥黎的演讲风格有两大特点——刻意的冷静和刑侦般的精准。因为他认为，在阐述科学话题时，不应投入过多激情。赫胥黎赞同斯普拉特的观点，终其一生都对流畅的口才深表怀疑，并尽可能坚持使用最简单直白的语言。然而，根据自己1876年的北美巡回演讲经历，他在晚年指出，如果知识本身无法激发热情，那么能够打动人的声音的力量便成为吸引观众的关键。虽然赫胥黎的演说风格在有些地区的反馈尚可，但总体而言广受批评。一位报道者将他的演讲比作一位没吃饱饭的福音派牧师的布道，并指出他的声音缺乏力量，无法与观众产生共鸣。另一位报道者评论道："他演讲的方式就像一位律师在向法官席陈述一个深奥的法律问题。"

当然，无论在演讲中表达能力有多重要，它都不会是演讲成功的唯一因素。使用合适的措辞同样至关重要。科学知识的传播方式和地点也很关键，尤其是所探讨的话题会动摇悠久的文化信仰时。有人使用的演讲策略是刻意无视高雅和不带攻击性的演讲礼仪，试图借此强调科学思想及实践所具有的变革力量。爱尔兰著名物理学家约翰·廷德尔（John Tyndall）于1874年在贝尔法斯特发表的演说名噪一时，但之后有人指责他公然违反了作为英国科学促进会主席应遵守的演讲礼节。看似廷德尔对修辞有些不够讲究，但其实他是有意为之。尽管在英国皇家科学研究院做内部讲座时，他就像上帝之子们服从梵蒂冈一样遵守研究院的规章，但在学院高墙之外，他便立刻成了知识自由的践行者。的确也有一些著名的演讲者利用不同的修辞手法传播一些危险的科学思想，例如，英国牛津圣公会的威廉·巴克兰（William Buckland）经常利用幽默的表述来掩饰其地质理论中的激进思想。因此，科学演讲的修辞管理因人而异，也因不同的场所和环境而异。

肢体语言

科学演讲者在演讲中对言语与形态的掌控都属于肢体表现行为。在交流实践中，人体的行为和表现一向是有效传播科学知识的重要因素，最基本的便是科学演讲者的举止和着装。例如，有人觉得英国化学家汉弗莱·戴维（Humphry Davy）做作的举止和浮夸的着装有损于他的科学声誉。汉弗莱招致的批评包括指责他把科学女性化和边缘化了。解剖师罗伯特·诺克斯（Robert Knox）曾在爱丁堡发表演说，听众对他派头十足的衣着风格和引人注目的演讲方式可谓毁誉参半。

同时期的其他成功演讲者也对科学演讲中使用的肢体语言十分感兴趣。例如，迈克尔·法拉第为了解释科学的深刻含义，引导公众支持科学发现，也曾努力学习掌握自然的演讲手势艺术。法拉第参加演说家本杰明·斯马特演讲的笔记中详细记录了吉尔伯特·奥斯汀（Gilbert Austin）《手势艺术》（*Chironomia*）一书的内容。法拉第指出，"在演讲中，应该确保演讲者的语调、手势及神态与演讲的主题及场合协调一致"。正如伊万·莫鲁斯所说，注重演讲时的肢体表意是展示自己演讲掌控能力的关键。肢体语言显然也是激发听众情感反应的一种方法。为了引导人们产生庄严又虔诚的情绪，法拉第常常会用祈福上帝保佑的诉求和手势结束自己的演讲。这种富有感染力的结束形式是法拉第遵循斯马特教导的结果，斯马特在指导学生如何在听众中引发庄严和虔诚情绪的时候指出，"要减缓演讲节奏，降低语调，并利用一些动作表明束缚自己的框架已经被挤压它的情感所破除"。借用斯马特的技巧，法拉第将科学思想融入宗教感悟，拓展了科学文化的影响范围。

虽然有些人不认同所谓演说革命中主张的手势艺术，但他们认为合适的举止和穿着还是必要的。例如，为了给人一种传递朴素的科学真理的印象，赫胥黎在演讲中通常会避免肢体动作，希望给人以朴实地传达科学真理的印象。一位观察者称，"他在演讲时没有手势、没有强调、也不在意修辞或演说艺术……他的表现力存在于他传递的思想和措辞中，他也不需要其他手段"。然而，这并不代表赫胥黎演讲时的外在形象不重要。一位仰慕者注意到：

> 赫胥黎有着方形额头，下巴也有点方形，嘴巴线条紧致，眼睛深邃明亮，给人印象是实力强大、态度真诚、力量坚实、难以动摇。他在力量中透着温和，这一切都属于赫胥黎，也只属于他，一个第一眼就能打动观众的人。

这段描述所表达的是赫胥黎所要传递的信息与他的举止相得益彰，他似乎在用朴实的肢体动作宣示对科学事实的坚定信念。

除了有助于传达思想或感受，演讲者甚至听众或助理的肢体语言也能生动地阐释科学真理。这类引入公众参与的实验会有一定的危险性。例如，化学家汉弗莱·戴维在英国皇家科学研究院为来自上流社会的观众们做实验演示时，曾多次受伤。对演讲者和听众来说，利用身体作为实验场或视觉辅助可以使科学演讲成为一种多模式的体验。在解剖学家威廉·亨特（William Hunter）的讲座上，既有用于解剖的身体结构模型，也有用于做展示的活体。德国画家约翰·佐法尼（Johann Zoffany）在他的一幅著名油画中描绘了这个场景。早期的电力讲座常常会让观众体验被电击的感觉，化学演讲者也通过制造令人好奇或反感的气味让观众亲身感受嗅觉刺激。因此，身体不仅仅是一个交流工具，而且也是公共科学实验的活体感应设备。

图 7.1　约翰·佐法尼的帆布油画:《威廉·亨特医生在皇家艺术研究院做演讲》(Royal College of Physicians)

听众与礼堂

科学演讲长期以来都与特定场所相关。然而令人惊讶的是，在 19 世纪之前，除了医学机构附属的解剖室，为举办科学讲座而设计的空间并不常见。直至 18 世纪末，在第二次科学革命期间，为迎合科学在中产阶层中的日益普及，演讲厅才得以大规模兴建。这些演讲厅的设计很大程度借鉴了解剖室的设计，并普遍采用了半圆形结构，座椅或长凳的布局是从中央区域以阶梯形式向上和向外延伸。这样做为观众提供了良好的视野，同时也再次间接表明了视觉演示在 19 世纪初期演讲中的重要性。演讲厅的设计中对采光的关注是又一个例证。通常，演讲台上方会设置一个天窗，以提高实验演示的可见度，天窗正下方一般会放置一张桌子，采用这类设计最著名的演讲厅是英国皇家科学研究院的演讲厅。

科学演讲厅的音响效果自然非常重要。到 19 世纪时，声学知识开始应用于包括演讲厅在内的各种公共建筑中。1855 年，史密森学会新开放了一个阶梯式的演讲厅，可容纳 1500 人，被认为是将声学知识应用于公共建筑的杰作。这个大厅呈巨大的小号状，扬声器位于其号嘴处。演讲厅由约瑟夫·亨利（Joseph Henry）设计，他是史密森学会的第一任会长，也是一位声学专家。大厅的表面经过精心处理，可防止回声干扰。在描述大厅的设计时，亨利还指出，确保视线不受影响的设计不会干扰到保持声音清晰度的结构布局。因此，这个空间设计十分科学，有利于增强科学及科学演讲者的尊严和信誉。

然而，自相矛盾的是，这类标准科学演讲厅的出现反倒有可能会对讲述科学知识的地点和方式设定了限制。在为一场成功的演讲创造必要条件的同时，量身定制的演讲大厅也可能会将科学传播活动固定在特定地点。这显然与视科学为普遍知识的理念相冲突。原则上讲，科学真理应该可以在任何地方传播。正是因为有通过演讲传播科学真理的原动力，才催生了如此之多的科学演讲者。流动演讲者的确面临着许多实际挑战，因为他们常常需要在不符合标准的场所发表演讲。对任何巡回演讲者来说，如果一个公共活动大厅在设计时优先考虑的是某种外观形式，便有可能影响声音的保真度；如果一个场所为适应管风琴或管弦乐队而注重声学效果,便有可能无法保证科学演示所需的视野范围。因此,在这些地方讲授科学,很可能会妨碍视觉和听觉,进而令听众对知识的可信度大打折扣。在全国流动召开的各种科学协会的年会是19世纪科学文化的一部分,年会的组织者们也面临着同样的挑战。近代早期的人们认为,演讲可使更多公众参与到科学进步的过程中,这意味着每年的科学年会组织者都面临一个极其迫切的问题,即一座小镇或城市是否有足够的礼堂接待公众。

还有其他一些原因也会使像法拉第这样的人拒绝在非专业的演讲厅进行演讲。例如,如果演讲中现场实验是一个重要环节,那么要保证科学演讲卓有成效,便需要足够的设备和技术支持。因此,迈克尔·法拉第在英国皇家科学研究院的演讲便无法转移到其他场所。同样的结论也适用于在皇家科学研究院做实验演讲的约翰·廷德尔。这些实验要求演讲厅提供清晰的视野和视觉投影。不过也的确有许多演讲者找到了克服困难做巡回演讲的方法,他们随身携带演讲所需设备,至少可以部分地解决硬件方面的困扰。尽管如此,这种做法也有其特定要求。对演讲场地的慎重审核其实也包括对观众知识背景的考虑。对不同社会或文化群体的智力预估往往会决定科学讲座的风格和内容。例如,汉弗莱·戴维越来越怀疑广泛地传播科学知识的必要性。他在皇家科学研究院讲座的观众是上流社会的文明人士,他们不可能将科学用于煽动叛乱或做出激进行为,但为劳动阶层讲授重大科学成果可能会引发政治革命。然而,戴维的这一观点并未在当时或后来得到广泛认同。科学的影响力不以人们意志为转移地逐步拓展至精英机构之外,并成为改造社会各阶层的手段。

在这方面,赫胥黎是一个表率。面向劳动者的演讲是他最受欢迎的演讲，赫胥黎本人也表示，他更喜欢为劳工群体做演讲。他认识到，面对劳工阶层，需要对交流的内容和方式进行调整。虽然一些劳动者会抵制工人演说家的激烈言论，但他们仍会来矿业学校（School of Mines）聆听赫胥黎的讲座。赫胥黎尝试将自己的语言尽可能"平民化"，以面对他的劳工听众们。虽然赫胥黎的讲座吸引了许多人，但他要维持成功并不容易。在19世纪80年代至90年代，赫胥黎的处境更加艰难，因为他发现自己无法赞同工人阶级内部强大的文化及政治运动，他的书面及口头表述也逐渐偏离了原先的简明直白。

在演讲者、场地与听众之间的相互关系中也会掺入性别因素。在英国科学促进会年会举办的一些公共演讲中，有很大比例的女性观众。她们参加演讲的原因各异，尽管有些女性是为了积极探讨相关话题，但许多人是出于其他动机，比如有人是为了尽儿女之孝或夫妻之道，有人是期望能从中得到乐趣，还有人仅仅是把演讲当作一场社会活动。因此，一些科学领域的领军人物认为，演讲的观众是专业知识的被动消费者。这种颇有代表性的提法在科学（由专业的从业者创造和控制）与其受众（被描绘为被动的消费者）之间画出了一条清晰的界线。观众在演讲中的积极影响不可小觑，因为作为被动消费者的观众会以演讲审核师的形象出现在演讲大厅里。

值得注意的是，观众往往并不仅限于坐在演讲大厅里的人。虽然有些演讲者，比如解剖学家威廉·亨特，会刻意阻止自己的演讲以出版物的形式获得更广泛的传播，但科学演讲的受众远远大于演讲时的实际出席人数，尤其是随着廉价印刷品的迅速激增，这种情况越来越常见。演讲与印刷文化在许多方面的重叠度越来越高，科学演讲的内容往往会被记录下来，为的是最终得以出版。约翰·廷德尔著名的"贝尔法斯特演讲"尚未开始时，其完整的演讲稿已交给《自然》杂志的编辑，以便日后出版。英国境内外的报纸和期刊也翻印了该文稿，并刊载了围绕其展开的无休止的辩论，后来，它又被数次修订并单独发表。同其他形式的公共演讲一样，科学演讲的演讲者也需要应对演讲受众的多样性。

遗　产

长久以来，人们一直在利用印制出版物去"复原"原始演讲，这种做法既扩大了那些古代演讲的影响力，也可以确保它们成为一份永恒的遗产。因此，在大多数时候，演讲所具有的影响力很大程度来自演讲的印刷文本。当然，认识到演讲事件本身的潜在重要性同样非常重要。可以肯定的是，对于在录放机和其他记录设备出现之前的时代的演讲，人们无法精确复原除了文字记录以外的、在演讲中具有重要意义的其他表现元素。尽管如此，它也表明科学演讲在大众意识中烙下不可磨灭的印记，因为它们有仪式感，庄重却又转瞬即逝。廷德尔的"贝尔法斯特演讲"通过印刷品传播至全世界，由于演讲内容不拘一格，廷德尔被卷入公共舆论的风暴，不过这个结果也为保留一份永恒的文化遗产创造了条件，虽然它饱受争议，而演讲转瞬即逝的特点也是它在大众意识中变得根深蒂固的原因，这也解释了为何演讲一直是传播和普及科学知识的重要交流方式。

不论生动的演讲有多大潜力使人们对科学研究产生兴趣,并扶助科学成为具有权威性的公共知识,从另外一个角度看,演讲中知识真伪和准确度的不确定性也会影响人们对科学的理解和传播,可能会威胁到科学的独立性或公信力。所以有必要认清以口头形式传播科学具有哪些潜力和风险,并了解随着时代和地点的变迁,人们是如何理解演讲行为和演讲艺术的。换句话说,就是要关注时间变化和地理迁移对科学演讲产生的影响。专门的科学演讲只是公共演讲中的一个具体形式,其独特之处是提出和讨论科学问题。至于科学讨论在法庭、剧院、教堂或议会等其他场合如何进行,以及这些风格完全不同的演讲给我们留下了哪些遗产,仍有待于进一步探索。20世纪科学演讲的文化历史和地理环境仍具有很大的研究空间。新媒体的出现和扩大使这方面的研究成为一项艰巨但又有趣的任务。毫无疑问,新媒体的引进不仅从形式和内容上改变了科学演讲,而且观众及其体验也发生了根本性的变化,同时,新媒体还以多种方式加强了科学演讲的重要性。可以肯定的是,科学演讲仍拥有很大的研究空间,如研究已录制的著名物理学家理查德·费曼(Richard Feynman)的物理学演讲、天文学家卡尔·萨根的宇宙学讲座,以及英国皇家科学研究院广受欢迎的圣诞讲座。这些工作无疑会丰富我们对动态交流方式的理解,这种方式会继续将科学引入更广阔的公共演讲世界。

第八章

电影、广播和电视
科学普及新工具

【大卫·A. 柯比（David A. Kirby）】

大卫·A. 柯比是曼彻斯特大学科学传播学专业的高级讲师。他的很多著作都强调电影与基因组学文化意义之间的关系。其著作《好莱坞里的实验室工作服：科学、科学家和电影》（*Lab Coats in Hollywood: Science, Scientists and Cinema*, MIT Press, 2011）研究科学家与娱乐业之间的合作关系。目前，他正在撰写一本名为《不雅科学：电影审查与科学，1930—1968》（*Indecent Science: Film Censorship and Science, 1930—1968*）的书。

平面媒体是第一批大众传媒载体。图书、报纸和杂志可以让地理位置偏远的人们共享信息,但这些媒体的覆盖范围会受识字率的影响。相比之下,电影、广播和电视显然能够将信息传播得更远,因为受众不需要阅读能力就可以理解相关内容。对科学家而言,电影、广播和电视的这种包容性可以使它们成为科学普及的完美工具。不过,在电影、广播和电视传播的科学史研究中,我们会发现科学界内部在这个问题上其实存在很大分歧,持正面态度的人从这些传播技术中看到了教育普及的新前景,但也有人怀疑,由于这些媒体的商业化特性,恐怕会将娱乐性凌驾于真实性之上。这方面的分歧导致科学界和媒体制作者之间冲突频发,因为科学家常常试图掌控科学内容的取舍和表现方式。此外,科学家还努力在一些边界模糊的分类间建立明确的界限,比如小说与非小说、艺术与科学、自然与人工、介绍科学奇观与制造轰动效应、科学研究与生活娱乐,等等。有必要指出,在关于电影、广播和电视传播的科学史研究中,主要针对的研究对象是美英两国。这些技术的生产、传播和接收所需的基础设施成本高昂,因此只有愿意投入大量资源的国家才能够在初期发展中成为佼佼者。这便意味着美国和英国最先成为媒体制作中心和相关娱乐产品的主要输出国家。

电影：用银幕传播科学

电影在 19 世纪末出现之后，便一直与科学紧密相关。不同于广播和电视，电影当时并没有被当作大众传播工具。1878 年，埃德沃德·迈布里奇（Eadweard Muybridge）和艾蒂安·朱尔·马雷（Etienne Jules Marey）研发了电影技术，作为研究动物运动的科研工具。这项技术不仅能记录人类裸眼捕捉不到的现象，而且让人们意识到，摄影机还能够定格时间。在 20 世纪之交，从天文学到精神病学，电影开始取代各个学科原有的一些研究技术，科学界从此出现了向电影转向的迹象。因为相信电影所谓的"真实效果"，所以人们声称屏幕上出现的物体和事件都是真实的。电影理论家安德烈·巴赞（Andre Bazin）曾经做过一个生动且抓住了电影本质的比喻，他说："当采用摄影手段将'时间定格'的时候，时间就如同困在琥珀中的昆虫一样静止不动，但电影里的时间更像是一只玻璃杯里的昆虫，虽然受到限制但却是活生生的。"

相较于其他学科，生命科学对运动图像的接纳度最高。于是医学科学家们很快便利用电影作为标准的教学和培训工具。教学电影的常见主题是与运动相关的疾病，如癫痫的发作。利用电影作为工具也意味着人类有机会从有生命的研究对象那里学习新的知识。当然与之相悖的是，早期的生物学家们通过研究尸体也能够获得有关活体动物的知识。奥地利心脏病专家路德维希·布劳恩（Ludwig Braun）利用自己在 1898 年制作的电影，可以反复研究一颗持续跳动的狗的心脏，而不必通过解剖动物尸体收集观察结果。当研究者将电影和其他具有"视觉穿透力"的科学仪器（如 X 射线和显微镜）联合使用时，人们对生死之间的关系也有了新的认识。骷髅一般是死亡的象征，然而在 1897 年，苏格兰医生约翰·麦金太尔（John McIntyre）将电影技术和新发现的 X 射线结合起来，拍摄了移动中青蛙的腿骨，使骨骼也表现出了动态特征。

在 19 世纪的大部分时间里，微观结构和微生物研究都依赖于固定的生物组织切片。这种静态观察方法无法应用到运动研究中，因此研究者不会提出与运动有关的问题。19 世纪末期，随着组织培养技术的进步以及细菌致病理论证据的不断增多，生物学家开始提出与细胞功能和演化相关的问题。这些新问题已无法通过研究静止的表现形式来解决，需要借助能够观察运动的技术手段，因此生物学家开始将电影摄影机连接到显微镜上。对时间的巧妙掌控是 20 世纪初期快速发展的微电影术的关键技术环节。比如，研究者可以在电影拍摄过程中压缩或者延长时间。利用慢动作播放，科学家可以研究因移动太快而无法实时观察的现象，例如布朗运动的物理特性。研究者也可以使用延时摄影技术观察历时数天或数月发生的现象，使其呈现实时进行的效果。瑞士生物学家朱利叶斯·里斯（Julius Ries）在 1909 年研究海胆的受精和发育时便使用了这种方法。

早期的科学研究电影同样具有很强的娱乐价值。汤姆·冈宁

（Tom Gunning）将沉迷于拍摄壮观景象的早期电影描述为"风景片"。那时候的电影制作者更看重电影技术的新奇性，而不是它的叙事功能，所以他们不是很在乎能够通过电影讲述什么，而更在意能够用电影展示什么。在电影出现之前，科学演示中采用的光学投影技术已经卓有成效地引导观众参与到情感和智力互动之中。在这些演示中，科学成就了影像特效技术。在早期的电影观众看来，展示蛙腿的 X 射线造影或病毒入侵红细胞等科研影片的神奇程度并不输给乔治·梅里爱（George Melies）采用了特技的电影作品。微电影更是早期娱乐影片中科学奇观的主要演示手段。在 20 世纪的第一个十年间，有数家电影公司专门为科学家和通俗电影摄制微型电影胶片。在英国，动物学家弗朗西斯·马丁·邓肯（Francis Martin Duncan）曾经为纪录片先驱查尔斯·厄本（Charles Urban）的公司制作科学影片，而法国的百代电影公司（Pathé）投资了生理学家让·科曼登（Jean Comandon）的电影作品，它的竞争对手高蒙公司（Gaumont）则帮助朱利叶斯·里斯开展研究。以微生物为主题的电影很受欢迎，如厄本的《伤寒菌》（*Typhoid Bacteria*，1903），因为它们能够同时引发观众既被吸引又强烈排斥的心理反应。观众可能会惊叹这些以前看不见的、蠕动着的异形生物竟真切地生活在自己周围、身体表层，甚至身体内部。然而，由于这些显微镜下的怪物会引发疾病，这些影片也会令人感到恐惧和不适。

我们也许可以把这些早期的大众科学电影称作"科学纪录片"的原型，因为它们以"原始"形式呈现科学图像，几乎没有任何故事情节。美国导演罗伯特·弗拉哈迪（Robert Flaherty）在 1922 年拍摄的纪录片《纳诺克一家》（*Nanook of the North*）中，加入了特定人物角色和叙事情节，从此不仅改变了科学纪录片的模式，也改变了纪录片的整体风格。弗拉哈迪曾在加拿大哈德逊湾附近的因纽特部落花一年时间跟踪拍摄了纳诺克一家的日常生活场景，但他没有简单地将这些生活片段按时间顺序拼接起来。相反，他通过再创作和编辑手段重新编排了《纳诺克一家》这个富有戏剧性的故事。虽然影片情节是人工编排的，但弗拉哈迪认为，他的电影真实再现了当地的部落文化，因为影片中出现的所有事件都真实发生在部落中。弗拉哈迪的影片对随后的科学纪录片制作人产生了极大的影响，他们已不再满足于仅仅记录实时发生的事件和现象。

对一些早期的科学纪录片制作人来说，电影制作中的人为因素并不是缺陷，反而能帮助电影制作人披露"真相"。前卫派电影制作人让·班勒维（Jean Painleve）认为，慢镜头和特写镜头等技术使他有机会用科学图像进行艺术创作。在班勒维看来，艺术只是获取真理的另一种方式，因此科学纪录片既可以是伟大的艺术，也可以是正统的科学。俄罗斯电影制作人弗谢沃罗德·普多夫金（Vsevold Pudovkin）也不认为编辑是一种欺骗性的讲故事技巧。恰恰相反，他觉得电影编辑是从随机性的事件中抽取和创造了富有意义的精华内容。普多夫金于1925年拍摄的《脑的机能》将生理学家伊万·巴普洛夫（Ivan Pavlov）的条件反射实验与电影场景结合起来，把电影所能展示的心理冲击效应和行为条件反射的科学现象完美地结合在一起。英国电影制作人保罗·罗萨（Paul Rotha）在20世纪三四十年代制作的电影借用普多夫金的辩证蒙太奇技术，颂扬了飞机、电话网络和输电网络等现代技术创新。罗萨与霍尔丹、兰斯洛特·霍格本（Lancelot Hogben）等科学家们交情甚笃，深受他们的影响。他认为纪录片是具有很强说服力的工具，能够促进和加强他们拥有的共同信念，那就是：科学是一股社会进步力量。

到 20 世纪 20 年代，大量的教育电影涌现出来，它们涵盖几乎所有的公共卫生领域，许多电影涉及人们所称的"社会疾病"，如结核病、梅毒和酗酒，也涵盖与健康相关的其他社会问题，如优生学。然而，不同的电影制作单位常常在对待疾病的道德层面上持有相反的观点，使得电影成为提供应对健康危机最好方法的竞技场。医学专家们则担心，面向非专业观众的电影可能会强化大众的医学知识和挑战医学权威的信心，因而会逐渐削弱人们对医学的信心。尽管如此，电影仍然是整个 20 世纪卫生信息传播的重要组成部分。到 20 世纪 50 年代初，世界卫生组织等国际卫生组织主要负责这类电影的制作。

关于野生动物的电影很快就从探索动物行为的科研影片发展成为大众电影。和旅行类电影一样，有关野生动物的电影可以带领观众去了解无法前往的地域，比如肯尼亚马赛马拉或北极圈等地区。野生动物电影与探险类电影有相似之处，常常有大型狩猎探险一类的风格，如美国导演马丁·约翰逊（Martin Johnson）和奥萨·约翰逊（Osa Johnson）拍摄的《辛巴》（*Simba*）。然而，为了产生良好的商业效果，在 20 世纪二三十年代，野生动物电影经常会添加一些戏剧性的故事叙述和表演性的对抗情节。这种做法催生了大量耸人听闻的野生动物电影，甚至包括所谓的"伪造自然形态"的电影，比如 1930 年出品的《大猩猩》（*Ingagi*）。科学家们发现，这些影片肆无忌惮地造假会引发众多问题，大众会对野生动物电影的真实性产生怀疑，甚至会殃及那些描述科学研究的电影。1931 年，野生动物电影制作人欧内斯特·肖德萨克（Ernest Schoedsack）和梅里安·库珀（Merian Cooper）认识到，使用特效自制虚构的野生动物电影更简单和便宜，引起的争议也会更少。1933 年，《金刚》（*King Kong*）的发行标志着电影采用特技所取得的票房远高于拍摄真实自然的电影票房。

20 世纪 40 年代末这种模式又再度短暂出现。1942 年，《小鹿斑比》（*Bambi*）的成功让沃尔特·迪士尼（Walt Disney）相信，公众仍然对野生动物电影故事感兴趣。迪士尼意识到，将廉价制作的真实动物的镜头配上有趣的画外音，便可以在《真实世界历险记》系列电影中复制《小鹿斑比》扣人心弦的故事情节，塑造一个动物"明星"。这个系列取得了巨大的成功，产生了极大的影响，这部系列电影从开始到最后共 11 年。这些影片在 20 世纪六七十年代都成了受欢迎的电视节目，尽管在 1960 年之后，非虚构的科学电影很少出现在电影院里，但它们最终在电视上找到了合适的归宿。

介绍动物真实生活的影片采用了虚构的故事讲述技巧，而描述虚构科学幻想故事的影片也可以凭借科学的权威性广受观众青睐。虚构科学影片的发展史清晰地表明了 20 世纪的媒体对科学表现出来的根深蒂固的恐惧。19 世纪末以来，包括 X 射线及电力发展等最新发现引发了诸多焦虑，这些都成为 20 世纪前 10 年中许多电影的素材，自第一次世界大战使用化学武器后，化学的"黑暗面"便成了 20 世纪 20 年代的电影特色之一。20 世纪 30 年代时，许多大众影片都以致命的微生物为主题，讲述英勇的微生物学家将人类从传染病的威胁中拯救出来。电影同样也表达了对科学发展的矛盾态度，例如在 20 世纪五六十年代时，电影在强调了核科学破坏力的同时，也期待它的发展潜力。到 70 年代时，生态灾难替代了辐射，成为电影中渲染的对人类的新威胁，但这些电影也设想了科学将如何阻止这些潜在灾难的发生。

电影是人工制作的产物，这就意味着电影制作人要以他们自己的方式讲述科学故事。在电影最早出现的时期，科学家会通过担任科学顾问的方式去影响电影制作人的决定。不论科学家的意见是否被采纳，只要他们参与了电影制作，电影制作人便可以堂而皇之地借此宣称电影的真实可靠性，比如 1922 年上映的《恐怖契约》(*A Blind Bargain*)。许多科学家自愿签约担任顾问，因为他们认为大众科学电影是公众认识科学的有效途径。这种信念是很多科学家为 20 世纪 70 年代的灾难电影做顾问的原动力。科学家还帮助电影制作人创作关于未来技术的电影故事，希望这些电影能使观众相信：目前还处于设想阶段的技术在未来都有可能成为现实，比如 20 世纪五六十年代就有一些协助拍摄太空电影的科学家。总而言之，电影科学的研究已经开始聚焦在虚构描述对塑造科学文化所具有的影响力上。

广播：天空中的科学使者

第一个获得商业许可的广播电台是位于美国匹兹堡市的 KDKA 电台，这个电台于 1920 年开始每日播送广播节目。广播是一种播放媒体，能够为听众提供跨越地理距离的信息共享体验，营造出无关种族和阶级社会的氛围。另外，电台广播还会给人带来一种虚幻的亲密感，主持人听起来似乎风度翩翩，平易近人。

许多以倡导科学为宗旨的组织立即意识到了广播的应用价值,将利用广播媒介视为推广科学、提高科学素养的绝好机会。然而,可用于广播的无线电频率数目是有限的,只有少数人掌控着使用这些频率的权力。

在20世纪50年代中期之前,英国的国内广播权限仅由一位把关者掌控,即英国广播公司(BBC)。英国政府认为广播是一种十分重要的公共资源,不能留给自由市场,因此在1927年,他们将英国广播公司重组成为一个公共服务型的垄断企业。其第一任总裁约翰·里思(John Reith)围绕教育、信息和娱乐三个理念制定了公司的广播政策。里思相信广播节目会成为提高公民文化素养的一个重要途径,因此他十分看重广播的信息和教育功能,但同时不得不认可娱乐也是广播事业中一个必不可少的要素。鉴于里思的偏好,科学是个理想的话题,科学广播也成为20世纪20年代末和30年代初英国广播公司访谈部的主要播出内容。

英国广播公司最初的科学节目过分专注于向听众传达信息并教育听众,以至于几乎完全失去了娱乐性。最早的科学广播主要由著名科学家做说教性演讲,如天文学家詹姆斯·琼斯(James Jeans)在1930年做了《恒星的历程》(*The Stars in their Courses*)系列节目。虽然英国广播公司当时在国内没有直接的竞争对手,但一些国外的商业广播电台信号却可以覆盖英国,如卢森堡广播电台(Radio Luxembourg)。为了与这些更具娱乐倾向的电台争夺听众,英国广播公司不得不重新审议自己的企业方针,但公司仍然希望广播内容不偏离公共服务的基本原则。20世纪三四十年代时,英国广播公司出现了一批新的制作人,他们专门研究制作有趣且科学信息丰富的科学广播节目。这些新的科学制作人中最著名的是玛丽·亚当斯（Mary Adams）和伊恩·考克斯（Ian Cox）。他们利用自身的专长开发出引人入胜又极具教育性的节目，如《夜空》(*The Night Sky*)和《探索未知》(*Inquiring into the Unknown*)。

作为科学节目的制作人，亚当斯和同行们的成功标志是其节目既符合广播标准，又能吸引大量听众。但他们采用娱乐方式播放科学信息的方法却无法完全被科学家们接受。许多科学家认为依靠这些制作人决定节目内容是个问题，因为他们的专长是媒体制作，而非科学。英国广播公司的科学广播历史之所以值得史学家们格外关注，就是因为一些科学机构或科学家一直在尝试控制公司的科学报道节目。英国四个主要的科学机构——英国皇家学会、英国科学促进会、科学和工业研究部以及科学工作者协会经常对英国广播公司施加压力，要求为科学节目成立一个科学顾问小组或监察委员会。这种压力偶尔会迫使英国广播公司引入一位官方科学顾问，如1950年生理学家亨利·戴尔（Henry Dale）被任命为高级科学顾问，聘期为一年。1962年，在具有影响力的皮尔金顿委员会发布的关于广播发展情况的报告中批评了英国广播公司缺乏高质量的节目之后，英国广播公司最终于1964年成立了科学咨询小组（SCG）。科学咨询小组安抚了这些科学机构，并一直为英国广播公司的制作人员提供科学顾问，直至20世纪90年代。

20世纪20年代早期，美国联邦政府同样严格控制了无线电频率的使用权。各种机构在获得广播许可之前，需承诺自己将会履行一项公共服务义务。与英国的情况一样，事实证明这种限制为美国的科学广播创造了有利环境。能够提供公共服务的机构有限，而博物馆和大学便是其中的一部分。这些机构内部的科学部门经常制作自己的广播节目，尤其是那几所最初以农业为导向，由美国联邦政府通过赠送土地建立的大学。其中之一的俄勒冈州立大学广播电台的官方口号是"科学以服务大众为宗旨"，成功地实现了大学广播电台的一个主要目标。尽管英国政府将无线广播的使用控制权限制在一家公共服务企业里，但美国联邦无线电委员会在20世纪20年代后期便开始允许商业电台竞争无线电频率。这种竞争排挤了大多数以博物馆和大学为基础的广播电台，为一小部分商业广播公司的发展创造了有利条件，如哥伦比亚广播公司（CBS）和美国全国广播公司（NBC）。这些商业广播公司很快便主宰了美国的广播行业。

然而，即便在这种更加商业化的环境中，科学节目在美国无线广播中仍然占有一席之地。商业广播的广告客户会避开一些特定时间段，如深夜时段。广播公司认为科学节目是填补这些未售出时段的理想内容。科学节目制作成本低，又能使广播公司完成其被要求履行的公共服务义务。当然，科学节目仍然需要与其他教育类节目竞争，在未被购买的播出时段里争取有限的广播时间。另外，许多科学家也对这种新媒体心存疑虑，并不热衷于参与无线电广播活动。因此，尽管科学节目为商业广播公司做出了贡献，但在美国早期的无线广播内容中，它仍然只是相对较小的一部分。

20世纪20年代至50年代，史密森学会是美国最多产的科学广播制作者之一。然而，大多数科学家和科学机构并没有史密森学会所拥有的资源。为了给每位科学家提供普及科学的途径，报纸发行商斯克里普斯（Scripps）与国家科学机构合作，于1921年创立了新闻机构——科学新闻中心,该机构很快便于 1922 年放弃了制作科学电影。与电影相比,无线广播更便宜,更容易制作,而且可以完全掌控其内容。虽然美国的科学机构接受了无线电广播,但科学家显然并不了解如何利用这种新媒体。不同于拥有专业科学广播人员的英国广播公司,美国科学家需要自己亲自制作科学广播节目。这就意味着美国早期的科学广播节目与正式的科学讲座差别不大。大多数科学家未能认识到对着一只无线电麦克风朗读科学讲义与在现场观众面前演讲并不相同。在广播里,科学家无法做实验演示、展示示意图、使用手势或回应听众,而且广播时间固定并且有限,不允许偏离准备好的内容即兴发挥。科学家衡量广播是否成功的标准是传递的科学信息是否准确,以及发言者是否有足够高的声望。这些标准最终会和无线电广播公司发生利益冲突,因为后者的成功标准是听众的数量和娱乐价值。

到 20 世纪 30 年代,为了与主导无线广播的喜剧和侦探剧竞争,科学机构不得不调整他们的广播方式,即推出科学名人和引人注目的科学节目。哥伦比亚广播公司在 1938 年将科学新闻中心的《每周科学新闻》改名为《科学奇遇》(*Adventures in Science*, 1938—1957),而且还将它从一个讲座式节目转变成戏剧性节目。这个新节目成为科学新闻中心最成功的科学广播节目之一。广播公司要求科学节目在具有趣味性的同时,也需要为此付出代价。与简单的演讲形式节目相比,更具吸引力的节目制作成本自然会高出许多。另外,科学家也担心在科学的真实和完整性上做出任何妥协和让步都可能会削弱公众对科学的信心。史密森学会的海洋生物学家奥斯汀·霍巴特·克拉克(Austin Hobart Clark)拥有丰富的无线广播经验,但他的主要目标仍然是保护科学声誉，而不是制作娱乐节目。大多数美国的科学机构都没有把广播放在值得投入大量资源、开发更吸引人节目的优先地位上。因此，20 世纪 40 年代末到 50 年代初虽然是英国科学广播的黄金时代，但美国的科学广播却越来越被边缘化，因为广播公司更青睐具有商业价值的节目，而科学家却无法或不愿制作这些内容。

虽然战后的美国广播缺乏科学内容，然而农业科学和医学却是例外。强有力的政府支持保障了农业科学广播节目的播出。医学主题的广播节目则得益于美国医学协会的参与。医学界最初担心医疗广播节目会在社会上产生一些副作用，比如，导致有些人总是怀疑自己患了某种疾病，有些人会根据节目介绍的知识做自我诊断，还会引发人们对可能出现奇迹的疗法产生不切实际的期望。但真正让美国医学协会感到惊恐的却是在 20 世纪 20 年代时，广播中出现了大量兜售假药的无照庸医。因此，他们决定为广播制作人提供专业咨询服务并制作自己的广播节目。自此，节目的合法性取决于是否获得美国医学协会的批准，同时医学界也通过在专业问题上统一口径对广播质量产生了重大影响。在全球范围内，农业和医学也占据了科学广播中最大的两个版块。利用情节虚构的广播剧传播农业或医学信息始于 20 世纪 50 年代，从业者称之为"娱乐教育"。今天，对拥有众多偏远落后地区的国家来讲，农业与医疗广播节目仍然很重要，因为电视和计算机还没有在这些地区得到普及，这些地区的文盲率也较高，尤其是非洲、南美洲和亚洲的部分地区。

电视：客厅里的科学使者

1936 年，英国广播公司在英国推出了第一档电视节目。1939 年，美国全国广播公司播出了美国第一档定期播放的电视节目。第二次世界大战的爆发阻碍了电视业的发展，英国广播公司在战争期间暂停了所有电视活动，而美国的广播公司则将注意力转向军工生产。战争结束以后，英国广播公司于 1946 年恢复了电视广播。到 1948 年时，美国四个电视网（美国全国广播公司、哥伦比亚广播公司、美国广播公司、杜蒙特电视台）也在各自的黄金时段满负荷地播放电视节目。战后电视信号接收器的价格更加实惠，因此电视媒体的受欢迎程度飙升。广播节目的经验极大地影响了广播公司在电视上传播科学知识的方式。在第一批科学电视节目中，许多节目只是在模仿广播讲座的基础上增加了影像而已，如杜蒙特在 1946 年推出的《用科学开展服务》(*Serving through Science*) 系列。但是，电视制作人很快意识到，电视不仅仅是"加了图片的广播"。电视和广播虽然在叙事结构和播放方式上有相似性，但电视可以利用插图、演示和画面重组等视觉手段更生动地传送科学信息。虽然电视是一种类似电影的视觉媒体，但电视上的科学节目绝不仅仅是将电影转置到较小的屏幕上而已。电视的独特性要求制作人在科学节目中探索属于自己的风格，以便更好地适应这种新媒体。

无线电广播通过战时服务声誉大增，所以英国广播公司的战后主要目标是推动无线电广播的发展。不过英国广播公司的许多高管觉得电视的文化档次不高，所以并没有特别眷顾它的发展，而是将其单独设置成为五个独立部门中的一个。然而在20世纪50年代初，电视商业化引发的竞争迫使英国广播公司的高管们开始重新审视电视节目的重要性。英国于1954年成立了独立电视管理局，1955年独立电视台（ITV）创立，在争夺观众的竞争愈演愈烈的形势下，英国广播公司加快了公司业务向电视转换的步伐。在20世纪40年代，科学节目还算不上是英国电视台的常规节目，当时的《发明家俱乐部》（*Inventor's Club*，1948—1956）是为数不多的科学节目的代表。然而在20世纪50年代初期，奥布里·辛格（Aubrey Singer）和格蕾丝·温德姆·戈尔迪（Grace Wyndham Goldie）等英国广播公司的电视制作人令高管们相信，科学声望与电视魅力相结合可以帮助英国广播公司应对外部竞争者的挑战，同时也能实现公司服务公众的理想。成立于1953年的英国广播公司电视访谈部门尤以开发科学知识的电视传播潜力为宗旨。玛丽·亚当斯是这个部门的负责人之一，作为一名专攻科学节目的无线广播制作人，她为该部门贡献了自己的丰富经验。

1957年10月，苏联人造地球卫星"伴侣号"（Sputnik）发射，这一重大事件将科学发展推到了国际事务的舞台中心，也使英国广播公司的决策者们更加坚信，在有限的教育节目中，科学节目能够有效地帮助公司与其他独立电视台竞争。英国曼彻斯特大学的乔德雷尔·班克天文台主任伯纳德·洛维尔（Bernard Lovell）受邀在1958年的英国广播公司"里斯讲座"中做主讲人，他的系列讲座《个体与宇宙》（*The Individual and the Universe*）的受欢迎程度也向英国广播公司高管们再次表明，科学故事同样可以吸引大量观众。然而，颇具影响力的皮尔金顿委员会在 1962 年发布的关于英国广播状况的报告中，却对本国科学节目是否真的具有教育意义提出了质疑。皮尔金顿委员会担心英国电视台已经开始变得庸俗化，并逐渐向商业化的美国电视风格靠拢。尽管该报告在整体上支持科学节目，但也针对英国广播公司的许多科学节目采用了过多戏剧性手段，对科学的教育价值缺乏足够关注的事实提出了批评。其实科学界早就对电视台科学节目中戏剧性优先于科学完整性感到忧心忡忡，因此把该报告看作是对广播公司施加压力的另一个机会。皮尔金顿报告的确促使英国广播公司内部发生了一系列变化，例如，该公司于 1964 年推出了第二频道专门用来播放教育节目，1963 年创立了科学与特别节目部门，同年开发了科幻剧《神秘博士》(*Dr Who*)，并于 1964 年成立了科学咨询小组，于 1965 年推出了具有影响力的科学纪录片《地平线》(*Horizon*) 系列。

与英国广播公司不同，美国广播公司几乎一致将所有资源都转移到电视业的发展中。科学界的许多人认为电视与广播一样，是开展大众教育的重要途径。于是大学、博物馆、天文台和动物园制作了许多早期的科学节目。哥伦比亚广播公司在 1948—1955 年间播放了《约翰斯·霍普金斯科学评论》(*The Johns Hopkins Science Review*)，而费城富兰克林学院的费尔斯天文馆则在 1948—1953 年间主办了美国全国广播公司的节目《万物的本质》(*The Nature of Things*)。从 1950 年开播到 1966 年终结的《科学在行动》(*Science in Action*) 是早期科学节目里运营最久的节目之一，由加州科学院制作完成。这些节目是在《用科学开展服务》等早期节目的基础上改进而来，但他们的播出方式仍然相对保守。《科学在行动》采用的是标准模式,即一位科学家身着实验服,利用道具和演示解释科学概念。这种有点枯燥、说教型的风格满足了科学界的教育目标,但没能带来令广告商满意的观众数量。这些科学节目的确提供了一些引人注目的视觉资料,如日食、肯尼亚平原上成群的鸟类以及用云室拍摄的粒子轨迹图像。然而,与早期电影相似,这些内容产生的视觉新鲜感十分有限。如果科学电视要在 20 世纪 50 年代的商业电视中具备竞争力,电视制作人便需要增强画面的戏剧性和引入令人入迷的角色。

图 8.1 主持人厄尔·赫勒尔德（Earl Herald）在《科学在行动》摄影棚的照片（Californian Academy of Sciences）

相对于广播，电视媒体成本更高，因此，如果没有福特基金会、贝尔实验室或美国电话电报公司等赞助商的慷慨资助，科学机构很难创建自己的科学节目。但是，赞助商会干涉自己所资助节目的内容。然而20世纪50年代已经有一些科学节目能够兼具教育性和娱乐性，如游戏节目《大创意》(*The Big Idea*, 1952—1953)和《世界上有什么》(*What in the World*, 1951—1955)。儿童科学节目也成功地将教育与娱乐融为一体。另外，极具魅力与热情的主持人也是让科学节目看起来既有趣又令人兴奋的关键因素，如主持《巫师先生》(*Watch Mr. Wizard's*, 1951—1965)的唐·赫伯特(Don Herbert)。尽管科学与娱乐结合后可以盈利，但在20世纪60年代，美国的商业网络依然在黄金时段回避科学节目。1970年，随着美国公共广播公司(PBS)的创立，科学电视的境况发生了改变。与英国广播公司一样，美国公共广播公司负有播放教育节目的任务，这使科学节目有机会在教育与娱乐间取得平衡，从而满足科学界的需求。播放至今的科学节目《新星》(*NOVA*, 1974)、卡尔·萨根的《宇宙》(*Cosmos*, 1980)等招牌节目向电视业的高管们证明，优质的科学节目同样可以拥有数百万观众。

由于成本高，因此直到20世纪六七十年代，大多数国家才开始制作自己的电视节目。在此之前的20世纪50年代，大多数国家的电视节目都要从美国引进。而科学节目通常不是它们优先考虑的内容，直到20世纪七八十年代，有些国家才开始制作自己的科学节目。韩国的科学电视史是非欧洲国家中的典型代表。韩国第一个电视台于1961年开始播出节目，但在20世纪70年代末之前，韩国的电视节目均从美国引进。然而当韩国开始制作自己的节目时，他们主要聚焦于肥皂剧等娱乐节目。直到 20 世纪 90 年代，韩国才以《好奇天堂》（*Paradise for Curiosity*，1998 年开播至今）等节目为开端，开发出自己的科学节目。北美洲和欧洲之外的国家一旦开始制作科学节目，通常会首选本国的科学成就，例如在以色列，科学家和国营第一频道合作，用希伯来语和阿拉伯语共同制作了科学节目，以期在战争之后的伤痛中树立一个科学精英国家的形象。

野生动物类节目是早期科学电视中最成功的节目题材之一。电视行业很快就将迪士尼大获成功的系列电影《真实世界历险记》做了改编，但制作人需要做出调整和改造，以便适应电视每周播放一期的要求。20 世纪 50 年代，英国和美国开发了不同风格的关于野生动物电视节目的制作方法。英国是信息型的，在风格上更接近于强调科学探索的自然纪录片。例如，英国的第一个野生动物节目是《动物世界探秘》（*Zoo Quest*，1954—1963），该节目主要关注将动物带回英国进行研究和展览的教育价值，这个节目使主持人大卫·阿滕伯勒（David Attenborough）成为英国最知名的科学权威之一。尽管是在人为控制的条件下进行拍摄，但美国野生动物节目的拍摄则依旧继承了讲述惊险故事的传统，利用戏剧性的动作、情节陈述以及有趣的动物角色加强节目的娱乐效果。美国第一个野生动物电视节目《动物园游行》（*Zoo Parade*，1950—1957）便充分体现了这种风格，这个节目后来更名为《野生动物王国》（*Wild Kingdom*，1963—1985）。主持人马林·珀金斯（Marlin Perkins）与其助手吉姆·福勒（Jim Fowler）在节目中与动物之间发生了许多危险的接触和对峙。在将英国广播公司 1990 年的节目《生命的磨难》（*Trials of Life*）改编为美国电视节目时，这两种风格间的差异表现得十分明显。美国版强化了节目中的暴力场景，并以"让我们找出为何将它们称为动物的原因"的宣传语进行营销。这也引发了许多丑闻，如安排和动物发生对抗，甚至虐待动物，其中许多实例在 1986 年的电视纪录片《残忍的摄影机》(*Cruel Camera*) 中都有报道。

如同在电影和广播媒体中备受青睐一样，在 20 世纪 50 年代，医疗剧也是主要的电视节目之一。第一批美国电视医疗节目《城市医院》(*City Hospital*, 1951—1953) 和《医生》(*The Doctor*, 1952—1953) 延续了 20 世纪 30 年代《基尔代尔医生》(*Dr. Kildare*) 开创的戏剧风格，将医生刻画成以生物医学研究为武器，与死亡斗争的英雄人物。在 20 世纪六七十年代，医疗机构广泛参与了电视节目的制作。美国医学协会不仅鼓励其会员担任顾问，也向希望在医院里拍摄场景的制作人提供帮助，这样使得节目在真实性方面达到了很高的水平，与此同时，医学界也受益良多，因为医生被描绘成了充满激情的专业人士，会尽一切努力挽救病人。由于电视制作人希望节目能够得到美国医学协会的批准，所以医疗机构有机会否决可能损害其形象的故事情节。事实证明，医务剧是几十年来受欢迎程度最稳定的电视题材之一，如《维尔比医生》(*Marcus Welby, M.D.*, 1969—1976)、《风流医生俏护士》(*M*A*S*H*, 1972—1983) 和《波城杏话》(*St. Elsewhere*, 1982—1988) 均获得了较高的收视率。

与科学电影和广播一样，科学电视的历史再次表明，科学知识内容完全可以在竞争激烈的媒体市场中取得成功。科学知识既可以满足观众的求奇求知欲望，也为媒体制作的戏剧性提供了合理性。但是因为专业媒体人士需要将科学说教转换成生动有趣的娱乐播放形式，在一定程度上会导致他们与科学界的关系略显紧张，因为一直以来，科学界都在试图控制节目的制作，使之符合自己的期望。关于科学在电影、广播和电视上传播的历史，仍有一些问题有待解答，尤其是不同文化背景下，媒体在科学传播事业中的具体操作方式，以及对科学娱乐化的接受程度方面，还有很大的探索空间。我们也需要对具有地方特色的科学传播作品以及起源于好莱坞和西欧之外地区的同类作品做更多研究。研究科学在大众媒体技术中的发展史，最终会帮助我们理解科学界将如何面对像播客和"油管"（YouTube）一类的未来新兴媒体技术。

注 释

第一章

[1] In this chapter my descriptions are necessarily simplified; see Clemens and Graham (2007) for an excellent and thorough introduction into all aspects of the field of manuscript studies. For specific information on Greek and Latin paleography, I refer to Thompson (1912) and on Arabic manuscripts see D'eroche (2006) and Gacek (2009).

[2] See De Young (2005) on diagrams in the Arabic Euclidean tradition, which seem to mirror this practice of Greek manuscripts.

[3] See, e.g., van Leeuwen (2014) for an analysis of mechanical diagrams in the Byzantine manuscript tradition and their counterparts in printed editions from the early modern period.

第二章

[1] 作品(未记录在李约瑟的人口普查中)是: 1. Siri, Vittorio, Propositiones mathematicae (Parma, 1634); 2. Scoto, Paolo, *Problemata et theoremata geometrica, e mechanica publicè demonstranda...* (Bologna, 1633); 3. Montanari, Geminiano, *Ephemeris lansbergiana ad longitudinem almae studiorum matris Bononiae ad annum 1666... Addita in fine Ephemeride motus solis eiusdem anni ex tabulis excellentiss. d. Io. Dominici Cassini... vna cum eiusdem d. Cassini epistola responsiua ad authorem* (Bologna, no date); 4. *Sidereus Nuncius*; 5. Rondelli, Geminiano, *Urania custode del tempo.* (Bologna, 1700); 6. Rosati, Francesco Maria, *Chrysopyrrhina heliophysis* (Parma); 7. Fabri, Honoré[pseud.], *Opusculum geometricum de linea sinuum et cycloide auctore Antimo Farbio* (Rome, 1659); 8. Viperano, Giovanni

Antonio, *De diuina prouidentia libri tres*. (Rome, 1588); 9. Lascaris, Gaspare, *Vsus speculi plani*(Rome, 1644); 10. Manacci, Marcello, *Compendio d'instruttioni per gli bombardieri*(Parma, 1640).

[2] 'faransi i [n] tagliar i [n] legno tutte in u [n] pezzo, et le stelle bia [n] che il resto nero poi si seghera [n] no i pezzi].' BNCF, Mss. Gal. 48, f. 30v. First noted by Pantin 1992, xxviii.

[3] I, 1967-1975, microfiche; II-Monographs, 1976-2013, microfiche; II-Journals, 1976-2013, microfilm.

第五章

[1]本章对 *Philosophical Transactions* 的讨论借鉴了 'Publishing the Philosophical Transactions' project (AHRC grant AH/K001841/1), directed by Aileen Fyfe, with the assistance of Julie McDougall-Waters and Noah Moxham, and based at the University of St Andrews and the Royal Society.

第六章

[1]感谢 Pepe Pardo, José R. Bertomeu, and Adriana Minor 的仔细阅读。

[2]此处没有必要提供不同语言的详细历史词库。但我已经调研过英语、西班牙语、法语和德语的在线词库: *Oxford English Dictionary* (www. oed. com/), *Nuevo Tesoro Lexicogr áfico de la Lengua Española* (http://buscon. rae. es/ntlle/SrvltGUILoginNtlle), *Le Trésor de la Langue Française Informatisé* (http://atilf. atilf. fr/), CNRTL repository of old dictionaries (http://www. cnrtl. fr/dictionnaires/anciens/), and *Wörterbuchnetz* (http://woerterbuchnetz. de/). Further discussion in Bertomeu, García-Belmar, Lundgren, and Patiniotis (2006).

[3] But see in contrast Warwick (2003) and Kaiser (2007).

[4] An exception is Rudolph (2002).

[5] An illustrative example is Secord (2007).

第七章

[1] Darwin Correspondence Database, http://www. darwinproject. ac. uk/entry-2852 accessed September 23, 2015.

参考文献

第一章

Brentjes, Sonja. 2009. "The interplay of science, art and literature in Islamic societiesbefore 1700." In *Science, Literature and Aesthetics. History of Science, Philosophy and Culture in Indian Civilization*, edited by Amiya Dev, 453-84. New Delhi: Centre for Studies in Civilizations.

Briquet, Charles-Moïse. 1907. *Les filigranes: Dictionnairehistorique des marques du papier dèsleur apparition vers 1282 jusqu'en 1600.* 4 vols. Leipzig: Hiersemann.

Clemens, Raymond and Timothy Graham. 2007. *Introduction to Manuscript Studies*. Ithaca, NY: Cornell University Press.

Déroche, François. 2006. *Islamic Codicology: an Introduction to the Study of Manuscripts in Arabic Script.* London: Al-Furqān IslamicHeritage Foundation.

De Young, Gregg. 2005. "Diagrams in the Arabic Euclidean tradition: a preliminary assessment." *Historia Mathematica*, 32: 129-79.

Eastwood, Bruce S. 2007. *Ordering the Heavens: Roman Astronomy and Cosmology in the Carolingian Renaissance.* Leiden: Brill.

Gacek, Adam. 2009. *Arabic Manuscripts: A Vademecum for Readers.* Leiden: Brill.

Hoffman, Eva R. 1993. "The author portrait in thirteenth-century Arabic manuscripts: A new Islamic context for a late-antique tradition." *Muqarnas*, 10: 6-20.

McHam, Sarah Blake. 2006. "Erudition on display: The 'scientific' illustrations in PicodellaMirandola's manuscript of Pliny the Elder's *Natural History*." In *Visualizing Medieval Medicine and Natural History, 1200-1550*, edited by Jean A. Givens, Karen M. Reeds, and Alain Touwaide, 83-114. Aldershot: Ashgate.

Netz, Reviel. 1999. *The Shaping of Deduction in Greek Mathematics: a Study in Cognitive History.* Cambridge: Cambridge University Press.

Netz, Reviel. 2004. *The Works of Archimedes: Translated into English, together with Eutocius' Commentaries, with Commentary, and Critical Edition of the Diagrams.* Cambridge: Cambridge University Press.

Netz, Reviel, William Noel, Nigel Wilson, and Natalie Tchernetska, eds. 2011. *The Archimedes Palimpsest.* 2 vols. Cambridge: Cambridge University Press.

Neugebauer, Otto. 1975. *A History of Ancient Mathematical Astronomy*. 3 vols. Berlin: Springer.

Nickel, Diethard. 2005. "Text und Bild im antiken medizinischen Schrifttum." *Akademie Journal*, 1: 16-20.

Rogers, Michael J. 2007. "Text and illustrations. Dioscorides and the illustrated herbal in the Arab tradition." In *Arab Painting: Text and Image in Illustrated Arabic Manuscripts*, edited by Anna Contadini, 41-7. Leiden: Brill.

Saito, Ken. 2006. "A preliminary study in the critical assessment of diagrams in Greek mathematical works." *Sciamus*, 7: 81-144.

Sidoli, Nathan. 2007. "What we can learn from a diagram: The Case of Aristarchus's *On The Sizes and Distances of the Sun and Moon*." *Annals of Science*, 64, No. 4: 525-47.

Thompson, Edward Maunde. 1912. *An Introduction to Greek and Latin Palaeography*. Oxford: Clarendon Press.

Van Leeuwen, Joyce. 2014. "Thinking and learning from diagrams in the Aristotelian *Mechanics*." *Nuncius*, 29: 53-87.

Weitzmann, Kurt. 1970. *Illustrations in Roll and Codex: A Study of the Origin and Method of Text Illustration*. Princeton, NJ: Princeton University Press.

West, Martin L. 1973. *Textual Criticism and Editorial Technique: applicable to Greek and Latin texts*. Stuttgart: Teubner.

第二章

Ago, Renato. 2013. *Gusto for Things: A History of Objects in Seventeenth-Century Rome*. Chicago: University of Chicago Press.

Agüeray Arcas, Blaise. 2003. "Temporary matrices and elemental punches in Gutenberg's DK type." In *Incunabula and their Readers: Printing, Selling and Using Books in the Fifteenth Century*, edited by Kristian Jensen, 1-12. London: The British Library.

Baldasso, Renzo. 2013. "Printing for the Doge: On the first quire of the first edition of the Liber Elementorum Euclidis." *Bibliofilía*, 115: 525-52.

Berry, Mary Elizabeth. 2006. *Japan in Print: Information and nation in the Early Modern Period*. Berkeley: University of CaliforniaPress.

Blair, Ann. 2010. *Too Much to Know: Managing Scholarly Information Before the Modern Age*. New Haven, CT: Yale University Press.

Brown, Alison. 2010. *The return of Lucretius to Renaissance Florence*. Cambridge, MA: Harvard University Press.

Carter, Thomas Francis. 1925. *The Invention of Printing in China and Its Spread Westward*. New York: Columbia University Press.

Carter, John, and Percy Muir. 1967. *Printing and the Mind of Man: A Descriptive Catalogue Illustrating the Impact of Print on the Evolution of Western Civilization during Five Centuries*. London: Cassell.

Carter, Victor, Lotte Hellinga, and Tony Parker. 1983. "Printing with gold in the fifteenth century." *British Library Journal*, 9: 1-13.

Dibner, Bern. 1955. *Heralds of Science; As Represented by Two Hundred Epochal Books and Pamphlets Selected from the Burndy Library*. Norwalk, CT: Burndy Library.

Eisenstein, E. L. 1979. *The Printing Press as an Agent of Change: Communications and Cultural Transformations in Early-modern Europe*. Cambridge: Cambridge University Press.

Findlen, Paula. 1994. *Possessing Nature: Museums, Collecting, and Scientific Culture in Early Modern Italy*. Berkeley: University of California Press.

Frasca-Spada, Marina, and Nick Jardine (eds.) 2000. *Books and the Sciences in History*. Cambridge: Cambridge UniversityPress.

Gingerich, Owen. 2002. *An Annotated Census of Copernicus' De Revolutionibus : (Nuremberg, 1543 and Basel, 1566)*. Leiden:Brill.

Gingerich, Owen. 2004. *The Book Nobody Read: Chasing the Revolutions of Nicolaus Copernicus*. New York: Walker & Co.

Holstenius, Lucas. 1681. *Index bibliothecae qua Franciscus Barberinus*. Rome.

Hyde, Thomas. 1674. *Catalogus impressorum librorum Bibliothecæ Bodleianæ in Academia Oxoniensi*. Oxford.

James, Thomas. 1620. *Catalogus universalis librorum in Bibliotheca Bodleiana*. Oxford.

Jardine, Lisa and Grafton, Anthony. 1990. "'Studied for Action': How Gabriel Harvey read his Livy." *Past & Present*, 129: 30-78.

Johns, Adrian. 1998. *The Nature of the Book: Print and Knowledge in the Making*. Chicago: University of Chicago Press.

Kremer, Richard L. 2013. "Hans Sporer's xylographic practices: A census of Regiomontanus's blockbook calendars." *Bibliotheck und Wissenschaft*, 46: 161-87.

Latour, Bruno. 1987. *Science in Action: How to Follow Scientists and Engineers Through Society*. Cambridge, MA: Harvard University Press.

Lowood, Henry, and Robin Rider. 1994. "Literary technology and typographic culture: The instrument of print in early modern culture." *Perspectives on Science*, 2: 1-37.

Maclean, Ian. 2009. *Learning and the Market Place: Essays in The History of the Early Modern Book*. Leiden: Brill.

Maclean, Ian. 2012. *Scholarship, Commerce, Religion: The Learned Book in the Age of Confessions, 1560-1630*. Cambridge, MA: Harvard University Press.

McKenzie, D. F. 1999. *Bibliography and the Sociology of Texts*. Cambridge: Cambridge University Press.

McKitterick, David. 2013. *Old Books, New Technologies: the Representation, Conservation and Representation of Books since 1700*. Cambridge: Cambridge University Press.

Muehlhaeusler, Mark. 2010 "Math and magic: a block-printed wafq amulet from the Beinecke Library at Yale." *Journal of the American Oriental Society*, 130: 607-18.

Needham, Paul. 1982 "Johann Gutenberg and the Catholicon Press." *The papers of the Bibliographical Society of America*, 76, 395-456.

Needham, Paul. 2011. *Galileo Makes a Book: The First Edition of* Sidereus Nuncius.

Berlin: Akademie Verlag.
Nuovo, Angela. 2013. *The Book Trade in the Italian Renaissance*. Leiden: Brill.
Palmer, Ada. 2012 "Reading Lucretius in the Renaissance." *Journal of the History of Ideas*, 73: 395-416.
Pantin, Isabelle (ed. and trans.) 1992. *Galileo Galilei. Sidereus Nuncius, Le Messager Celeste*.
Paris: Les Belles Lettres.
Pantin, Isabelle. 2001. "L'illustration des livres d'astronomie à la Renaissance: L'évolution d'une discipline à travers ses images." In *Immagini per conoscere : dal Rinascimento alla rivoluzione scientifica: atti della giornata di studio, Firenze, Palazzo Strozzi*, 29 ottobre 1999, edited by Claudio Pogliano and Fabrizio Meroi, 3-41. Firenze:Olschki.
Raj, Kapil. 2007. *Relocating Modern Science: Circulation and the Construction of Knowledge in South Asia and Europe, 1650- 1900*. Basingstoke: Palgrave Macmillan.
Schaefer, Karl R. 2006. *Enigmatic Charms: Medieval Arabic Block Printed Amulets in American and European Libraries and Museums*. Leiden: Brill.
Schäfer, Dagmar. 2011. *The Crafting of the 10,000 Things: Knowledge and technology in Seventeenth-Century China*. Chicago: University of Chicago Press.
Schaffer, Simon. 1995. "The show that never ends: Perpetual motion in the early eighteenth century." *The British Journal for the History of Science*, 28: 157-89.
Schaffer, Simon. 2007. "'On Seeing Me Write': Inscription devices in the South Seas." *Representations*, 97: 90-122.
Schaffer, Simon, Lissa Roberts, Kapil Raj, and James Delbourgo (eds.) 2009. *The Brokered World: Go-Betweens and Global Intelligence, 1770- 1820*. Uppsala Studies in History of Science 35. Sagamore Beach MA: Watson Publishing International.
Secord, James A. 2000. *Victorian Sensation. The Extraordinary Publication, Reception, and Secret Authorship of Vestiges of the Natural History of Creation*. Chicago: University of Chicago Press.
Serrai, Alfredo. 1988-1999. *Storia della bibliografia*. 11 vols. Rome: Bulzoni.
Shank, Michael H. 2012. "The geometrical diagrams in Regiomontanus's edition of his own *Disputationes* (c. 1475): Background, production, and diffusion." *Journal of the History of Astronomy*, 43: 27-55.
Suarez, Michael and H. R. Woudhuysen (eds.) 2010. *The Oxford Companion to the Book*, 2 vols. Oxford: Oxford University Press.
Suarez, Michael and H. R. Woudhuysen(eds.) 2013. *The Book: A Global History*. Oxford: Oxford University Press. (Concise edition of Suarez and Woudhuysen 2010)
Thornton, J. L. and R. I. J. Tully. 1975. *Scientific Books, Libraries and Collectors: A Study of Bibliography and the Book Trade in Relation to Science* (3rd revised edition, reprinted with minor corrections). London: Library Association.
Thornton, J. L. , R. I. J. Tully, and A. Hunter. 2000. *Thornton and Tully's Scientific Books, Libraries, and Collectors: A Study of Bibliography and the Book Trade in Relation to the History of Science* (4th edition, considerably revised and rewritten.). Alder-

shot: Ashgate.
Tresch, John. 2012. *The Romantic Machine: Utopian Science and Technology after Napoleon*. Chicago: University of Chicago Press.
Wilding, Nick. 2014. *Galileo's Idol: Gianfrancesco Sagredo and the Politics of Knowledge*. Chicago: University of Chicago Press.

第三章

Barrera-Osorio, Antonio. 2006. *Experiencing Nature: The Spanish American Empire and the Early Scientific Revolution*. Austin: University of Texas Press.
Behringer, Wolfgang. 2003. *Im Zeichen des Merkur: Reichspost und Kommunikationsrevolution in der Frühen Neuzeit*. Göttingen: Vandenhoeck & Ruprecht.
Behringer, Wolfgang. 2006. "Communications revolutions: A historiographical concept." *German History*, 24, No. 3: 333-74.
Berkvens-Stevelinck, Christiane, Hans Bots, and Jens Häseler (eds.) 2005. *Les grands intermédiaires culturels de la République des Lettres: Études de réseaux de correspondances du XVIe au XVIIIe siècles*. Paris: Honoré Champion.
Bigourdin, Guillaume. 1917. "Les premières sociétés scientifiques de Paris au XVIIe siècle: Les réunions du P. Mersenne et l'Académie de Montmor." *Comptes rendus hebdomadaires des séances de l'Académie des sciences*, 164: 129-34.
Bots, Hans. 2005. "Marin Mersenne, 'Secrétaire Général'dela Républiquedes Lettres." In *Les grands intermédiaires culturels de la République des Lettres: Études de réseaux de correspondances du XVIe au XVIIIe siècles*, edited by Christiane Berkvens-Stevelinck, Hans Bots, and JensHäseler, 165-81. Paris: HonoréChampion.
Bots, HansandFrançoiseWaquet. 1997. *LaRépubliquedesLettres*. Paris: Belin - DeBoeck.
Brockliss, L. W. B. 2002. *Calvet's Web: Enlightenment and the Republic of Letters in Eighteenth-Century France*. Oxford: Oxford University Press.
Browne, Janet. 2014. "Corresponding naturalists." In *The Age of Scientific Naturalism: Tyndall and His Contemporaries*, edited by Bernard Lightman and Michael S. Reidy, 157-69. London: Pickering & Chatto.
Burkhardt, F. B. and Smith, S., et al. (eds.) 1985-2015 continuing. *Correspondence of Charles Darwin*. 17 vols. Cambridge: Cambridge University Press.
Castells, Manuel. 2010. *The Rise of the Network Society*. 2nd ed. Chichester: Wiley-Blackwell. Codding, George A. 1964. *The Universal Postal Union: Coordinator of the International Mails*.
New York: New York University Press.
Cook, Harold J. 2007. *Matters of Exchange: Commerce, Medicine, and Science in the Dutch Golden Age*. New Haven, CT: Yale University Press.
Cooper, Alix. 2007. *Inventing the Indigenous: Local Knowledge and Natural History in Early Modern Europe*. Cambridge: Cambridge University Press.
Cultures of Knowledge. n. d. http://www.culturesofknowledge.org/? page_id = 28 Accessed

September 25, 2015.
Darwin, Charles. 2008. *The Beagle Letters*. Edited by Frederick Burkhardt. Cambridge: Cambridge University Press.
Daston, Lorraine. 1991. "The ideal and reality of the Republic of Letters in the Enlightenment." *Science in Context*, 4: 367–86.
Del Centina, Andrea. 2012. "The correspondence between Sophie Germain and Carl Friedrich Gauss." *Archive for History of Exact Sciences*, 66, No. 6: 585–700.
Delisle, Candice. 2013. "'The Spices of Our Art': Medical observation in Conrad Gessner's Letters." In *Communicating Observations in Early Modern Letters (1500–1675): Epistolography and Epistemology in the Age of the Scientific Revolution*, edited by Dirk van Miert, 27–42. London: WarburgInstitute.
Dibon, Paul. 1978. "Communication in the *Respublica Literaria* of the seventeenth century." *Res publica litterarum*, 1: 43–55.
Egmond, Florike. 2010. *The World of Carolus Clusius: Natural History in the Making, 1550–1610*. London: Pickering &Chatto.
Egmond, Florike. 2013. "Observing nature: The correspondence network of Carolus Clusius (1526–1609)." In *Communicating Observations in Early Modern Letters (1500–1675): Epistolography and Epistemology in the Age of the Scientific Revolution*, edited by Dirk van Miert, 43–72. London: Warburg Institute.
Flavell, Julie. 2010. *When London Was Capital of America*. New Haven, CT: Yale University Press.
Ford, Leslie. 1959. "The development of the Port of London." *Journal of the Royal Society of Arts*, 107, No. 5040: 821–35.
Galison, Peter. 1987. *How Experiments End*. Chicago: University of Chicago Press. Gascoigne, Robert Mortimer. 1987. *A Chronology of the History of Science, 1450–1900*. New York: Garland.
Goldgar, Anne. 1995. *Impolite Learning: Conduct and Community in the Republic of Letters, 1680–1750*. New Haven, CT: Yale University Press.
Goodman, Dena. 1994. *The Republic of Letters: A Cultural History of the French Enlightenment*. Ithaca, NY: Cornell University Press.
Grafton, Anthony. 2009. "A sketch map of a lost continent: The Republic of Letters." In Anthony Grafton, *Worlds Made By Words: Scholarship and Community in the Modern West*, 9–34. Cambridge, MA: Harvard University Press.
Grimm, Friedrich Melchior and Jacques–Henri Meister. 1877–1882. *Correspondance littéraire, philosophique et critique*. Edited by Maurice Tourneaux. 16 vols. Paris: Garnier Frères.
Grosslight, Justin. 2013. "Small skills, big networks: Marin Mersenne as mathematical intelligencer." *History of Science*, 51: 337–74.
Harris, Stephen A., and Peter R. Anstey. 2009. "John Locke's seed lists: A case study in botanical exchange." *Studies in History and Philosophy of Biological and Biomedical Sciences*, 40: 256–64.

Harris, Steven J. 1996. "Confession-building, long-distance networks, and the organization of Jesuit Science." *Early Science and Medicine*, 1, No. 3: 287-318.

Harris, Steven J. 2006. "Networks of travel, correspondence, and exchange." In *The Cambridge History of Science*, Vol. 3, *Early Modern Science*, edited by Katharine Park and Lorraine Daston, 341-62. Cambridge and New York: Cambridge University Press.

Harvey, Joy. 2009. "Darwin's 'Angels': The women correspondents of Charles Darwin." *Intellectual History Review*, 19, No. 2: 197-210.

Hsia, Florence C. 2009. *Sojourners in a Strange Land: Jesuits and Their Scientific Missions in Late Imperial China*. Chicago: University of Chicago Press.

Iliffe, Rob. 2009. "Making correspondents network: Henry Oldenburg, philosophical commerce, and Italian science, 1660-72." In *The Accademia del Cimento and Its European Context*, edited by Marco Beretta, Antonio Clericuzio, and Lawrence M. Principe, 211-28. Sagamore Beach, MA: Science History Publications.

Jeffery, Keith. 2006. "Crown, communication and the colonial post: Stamps, the monarchyand the British Empire." *Journal of Imperial and Commonwealth History*, 34, No. 1: 45-70. Kohler, Robert E. 2006. *All Creatures: Naturalists, Collectors, and Biodiversity, 1850-1950*. Princeton, NJ: Princeton University Press.

Kronick, David. 2001. "The commerce of letters: Networks and 'Invisible Colleges' in seventeenth and eighteenth-century Europe." *Library Quarterly*, 71, No. 1: 28-43.

Landtsheer, Jeanine de, and Henk Nellen (eds.) 2011. *Between Scylla and Charybdis: Learned Letter Writers Navigating the Reefs of Religious and Political Controversy in Early Modern Europe*. Leiden: Brill.

Leeuwenhoek, Antoni van. 1939-1999. *Alle de Brieven*. 15 vols. Amsterdam: Swets & Zeitlinger.

Maclean, Ian. 2008. "The medical Republic of Letters before the Thirty Years War." *Intellectual History Review*, 18, No. 1: 15-30.

McClellan, James E., III. 1981. "The Académie Royale des Sciences, 1699-1793: A statistical portrait." *Isis*, 72, No. 4: 541-67.

McClellan, James E., III. 2010. *Colonialism and Science: Saint Domingue in the Old Regime; with a New Foreword by Vertus Saint-Louis*. Chicago: University of Chicago Press.

O'Neill, Lindsay. 2015. *The Opened Letter: Networking in the Early Modern British World*. Philadelphia: University of Pennsylvania Press.

Ogilvie, Brian W. 2006. *The Science of Describing: Natural History in Renaissance Europe*. Chicago: University of Chicago Press.

Ogilvie, Brian W. 2011 [2012]. "How to write a letter: Humanist correspondence manuals and the late Renaissance community of naturalists." *Jahrbuch für Europäische Wissenschaftskultur/Yearbook for European Culture of Science*, 6: 13-38.

Oldenburg, Henry, et al. 1965-1986. *The Correspondence of Henry Oldenburg*. Edited by A. Rupert Hall and Marie Boas Hall. 13 vols. Madison, WI: University of Wisconsin Press [imprint varies].

Pollard, Sidney. 1997. "The integration of European business in the 'long' nineteenth century." *VSWG: Vierteljahrschrift für Sozial- und Wirtschaftsgeschichte*, 84, No. 2: 156–70.

Portuondo, María M. 2009. *Secret Science: Spanish Cosmography and the New World*. Chicago: University of Chicago Press.

Rumphius, Georg Everhard. 1999. *The Ambonese Curiosity Cabinet*. Edited by E. M. Beekman. New Haven, CT: Yale University Press.

Scherer, Edmond Henri Adolphe. 1968. *Melchior Grimm: L'Homme de lettres, le factotum, le diplomate: Avec un appendice sur la correspondance secrète de Métra*. Genève: Slatkine Reprints.

Schiebinger, Londa. 1989. *The Mind Has No Sex? Women in the Origins of Modern Science*. Cambridge, MA: Harvard University Press.

Secord, James A. 2000. *Victorian Sensation: The Extraordinary Publication, Reception, and Secret Authorship of Vestiges of the Natural History of Creation*. Chicago: University of Chicago Press.

Taylor, Peter J., Michael Hoyler, and David M. Evans. 2008. "A geohistorical study of 'The Rise of Modern Science': Mapping scientific practice through urban networks, 1500–1900." *Minerva*, 46: 391–410.

Terrall, Mary. 1995. "Émilie du Châtelet and the gendering of science." *History of Science*, 33, No. 3: 283–310.

Terrall, Mary. 2014. *Catching Nature in the Act: Natural History in the Eighteenth Century*. Chicago: University of Chicago Press.

Thomas, Susan and Janette Martin. 2006. "Using the papers of contemporary British politicians as a testbed for the preservation of digital personal archives." *Journal of the Society of Archivists*, 27, No. 1: 29–56.

Ubrizsy Savoia, Andrea. 2011. "Federico Cesi (1585–1630) and the Correspondence network of his Accademia dei Lincei." *Studium*, 4, No. 4: 195–209.

Ultee, Maarten. 1987. "The Republic of Letters: Learned correspondence, 1680–1720." *Seventeenth Century*, 2, No. 1: 95–112.

Urbánek, Vladimír. 2014. "Comenius, the Unity of Brethren, and correspondence networks." *Journal of Moravian History*, 14, No. 1: 30–50.

Van Damme, Stéphane. 2005. *Paris, capitale philosophique: De la Fronde àla Révolution*. Paris: Odile Jacob.

VanMiert, Dirk. 2013. "Introduction." In *Communicating Observations in Early Modern Letters (1500–1675): Epistolography and Epistemology in the Age of the Scientific Revolution*, edited by Dirk van Miert, 1–7. London: WarburgInstitute.

Waquet, Françoise. 1989. "Qu'est-ce que la République des lettres? Essai de sémantique historique." *Bibliothèque de l'Ecole des Chartes*, 147: 473–502.

Whitmer, Kelly Joan. 2013. "What's in a name? Place, peoples and plants in the Danish –Halle Mission, c. 1710–1740." *Annals of Science*, 70, No. 3: 337–56.

Wilson, Renate. 2000. *Pious Traders in Medicine: A German Pharmaceutical Network in Eighteenth-Century North America*. University Park, PA: University of Pennsylvania Press.

Winterer, Caroline. 2012. "Where is America in the Republic of Letters?" *Modern Intellectual History*, 9, No. 3: 597-623.

Woodward, Walter. 2010. *Prospero's America: John Winthrop, Jr., Alchemy, and the Creation of New England Culture, 1606-1676*. Chapel Hill, NC: University of North Carolina Pre

第四章

American University in Beirut, Jaffet Library Archives, Jirji Zaydan CollectionAA: 6. 2. 26. 1; notebooks, see especially the file labeled "smallnotebooks."

Bleichmar, Daniela. 2012. *Visible Empire: Botanical Expeditions and Visual Culture in the Hispanic Enlightenment*. Chicago: University of ChicagoPress.

Borges, Jorge Luis. 1964. *Labyrinths: Selected Stories and Other Writings*. New York: New Directions.

Burnett, Charles. 2009. *Arabic into Latin in the Middle Ages: The Translators and Their Intellectual and Social Context*. Farnham: Variorum.

Cook, Harold J. 2007. *Matters of Exchange: Commerce, Medicine, and Science in the Dutch Golden Age*. New Haven, CT: Yale University Press.

Cook, Harold J., and Sven Dupre(eds.)2012. *Translating Knowledge in the Early Modern Low Countries*. Wien: Lit Verlag.

Craig, Sienna R. 2012. *Healing Elements: Efficacy and the Social Ecologies of Tibetan Medicine*.

Berkeley: University of California Press.

Elman, Benjamin A. 2005. *On Their Own Terms: Science in China, 1550-1900*. Cambridge, MA: Harvard University Press.

Fu, Liangyu. 2013. "Indigenizing visualized knowledge: Translating Western scientific illustrations in China, 1870-1910." *Translation Studies*, 6, No. 1: 78-102.

Fukuoka, Maki. 2012. *The Premise of Fidelity: Science, Visuality, and Representing the Real in Nineteenth-Century Japan*. Stanford, CA: Stanford UniversityPress.

Gordin, Michael. 2012. "Translating textbooks: Russian, German and the language of translation of chemistry." *Isis*, 103, No. 1: 88-98.

Gordin, Michael. 2015. *Scientific Babel: How Science Was Done Before and After Global English*. Chicago: University of Chicago Press.

Green, Nile. 2003. "The religious and cultural roles of dreams and visions in Islam." *Journal of the Royal Asiatic Society of Great Britain & Ireland*, 13: 287-313.

Gutas, Dmitri. 1998. *Greek Thought, Arabic Culture: The Graeco-Arabic Translation Movement in Baghdad and Early Abbasid Society (2nd-4th/8th-10th Centuries)*. London: Routledge.

Gutas, Dimitri. 2002. "The study of Arabic philosophy in the twentieth century: An essay on the historiography of Arabic philosophy." *British Journal of Middle Eastern Studies*, 29, No. 1: 5-25.

Gyatso, Janet. 2015. *Being Human in a Buddhist World: An Intellectual History of Medicine in Early Modern Tibet*. New York: Columbia University Press.

Hart, Roger. 2000. "Translating the untranslatable: From copula to incommensurable worlds." In *Tokens of Exchange: The Problem of Translation in Global Circulations*, edited by Lydia Liu, 45-73. Durham, NC: Duke University Press.

Hart, Roger. 2013. *Imagined Civilizations: China, The West, And Their First Encounter*. Baltimore: Johns Hopkins University Press.

Heinrich, Larissa. 2008. *The Afterlife of Images: Translating the Pathological Body between China and the West*. Durham, NC: Duke University Press.

Henderson, Felicity. 2013. "Faithful interpreters? Translation theory and practice at the early Royal Society." *Notes and Records: The Royal Society Journal of the History of Science*, 67, No. 2: 101-22.

Hill, Michael Gibbs. 2013. *Lin Shu, Inc. : Translation and the Making of Modern Chinese Culture*. Oxford: Oxford University Press.

Hsia, Florence. 2009. *Sojourners in a Strange Land: Jesuits and Their Scientific Missions in Late Imperial China*. Chicago: University of Chicago Press.

Irving, Washington. 1850. *Lives of Mahomet and his Successors*. Paris: Baudry's European Library and A. W. Galignani. Also 1868. *Mahomet and his Successors*, Two vols. New York: Putnam.

Jami, Catherine. 2012. *The Emperor's New Mathematics: Western Learning and Imperial Authority During the Kangxi Reign (1662 - 1722)*. Oxford: Oxford University Press.

Jones, Andrew F. 2011. *Developmental Fairy Tales: Evolutionary Thinking and Modern Chinese Culture*. Cambridge, MA: Harvard University Press.

Kleutghen, Kristina. 2015. *Imperial Illusions: Crossing Pictorial Boundaries in the Qing Palaces*. Seattle, WA: University of Washington Press.

Lackner, Michael, and Natascha Vittinghoff. 2004. *Mapping Meanings: The Field of New Learning in Late Qing China*. Leiden: Brill.

Lackner, Michael, Iwo Amelung, and Joachim Kurtz (eds.) 2001. *New Terms for New Ideas: Western Knowledge and Lexical Change in Late Imperial China*. Leiden: Brill.

Leemans, Pieter De, and An Smets (eds.) 2008. *Science Translated: Latin and Vernacular Translations of Scientific Treatises in Medieval Europe*. Leuven: Leuven University Press.

Le Bon, Gustave. 1884. *La Civilisation des Arabes*. Paris: Firmin-Didot et cie.

Liu, Lydia. 1995. *Translingual Practice: Literature, National Culture, and Translated Modernity-China, 1900-1937*. Stanford, CA: Stanford University Press.

Long, Pamela O. 2011. *Artisan/Practitioners and the Rise of the New Sciences, 1400-1600*. Corvallis, OR: Oregon State University Press.

Martin, Craig. 2014. *Subverting Aristotle: Religion, History, and Philosophy in Early*

Modern Science. Baltimore: Johns Hopkins University Press.

Mavroudi, Maria V. 2002. *A Byzantine Book on Dream Interpretation: The Oneirocriticon of Achmet and Its Arabic Sources.* Leiden: Brill.

Mitchell, Timothy. 1988. *Colonising Egypt.* Berkeley: University of California Press.

Montgomery, Scott. 2000. *Science in Translation: Movements of Knowledge through Cultures and Time.* Chicago: University of Chicago Press.

Morrison, Robert G. 2007. *Islam and Science: The Intellectual Career of Nizām al-Dīn al-Nīsābūrī.* London: Routledge.

Morrison, Robert G. 2014. "A scholarly intermediary between the Ottoman Empire and Renaissance Europe." *Isis*, 105, No. 1: 32–57.

Muir, William. 1861. *Life of Mahomet.* London: Smith, Elder and Co.

Olohan, Maeve. 2014. "History of science and history of translation: Disciplinary commensurability?" *The Translator*, 20, No. 1: 9–25.

Paniotis, Manolis, and Kostas Gavroglu. 2012. "The sciences in Europe: Transmitting centers and appropriating peripheries." In *The Globalization of Knowledge in History*, edited by Jürgen Renn, 321–43. Berlin: Max Planck Research Library for the History and Development of Knowledge, Studies 1.

Pirenne, Henri. 1937. *Mahomet et Charlemagne.* Paris: F. Alcan and Bruxelles: Nouvelle société d'éditions.

Pusey, James Reeve. 1983. *China and Charles Darwin.* Cambridge, MA: Harvard University Press.

Raj, Kapil. 2006. *Relocating Modern Science: Circulation and the Constitution of Knowledge in South Asia and Europe, 1650–1900.* Basingstoke: Palgrave Macmillan.

Raj, Kapil. 2013. "Beyond postcolonialism … and postpositivism: Circulation and the Global history of science." *Isis*, 104, No. 2: 337–47.

Rehatsek, Edward. 1877. *Prize Essay on the Reciprocal Influence of European and Muhammadan Civilization: During the Period of the Khalifs and at the Present Time.* Bombay: Education Society's Press.

Rupke, Nicolaas. 2000. "Translation studies in the history of science: The examples of *Vestiges.*" *British Journal for the History of Science*, 33, No. 2: 209–22.

Safier, Neil. 2008. *Measuring the New World: Enlightenment Science and South America.* Chicago: University of Chicago Press.

Sakai, Naoki. 1997. *Translation and Subjectivity.* Minneapolis: University of Minnesota Press. Salguero, Pierce. 2014. *Translating Buddhist Medicine in Medieval China.* Philadelphia, PA: University of Pennsylvania Press.

Saliba, George. 2007. *Islamic Science and the Making of the European Renaissance.* Cambridge, MA: MIT Press.

Sarton, George. 1931. *The History of Science and the New Humanism.* New York: H. Holt.

Sarton, George. 1952. *A Guide to the History of Science: A First Guide for the Study of the History of Science, with Introductory Essays on Science and Tradition.* Waltham, MA:

Chronica Botanica.

Schwartz, Benjamin I. 1964. *In Search of Wealth and Power: Yen Fu and the West*. Cambridge, MA: Belknap Press.

Sédillot, J. -J. 1834-1835. *Traité des instruments astronomiques des Arabes composé au treizième siècle par Aboul Hhassan Ali, de Maroc, intitulé Collection des commencements et des fins, traduit de l'arabe sur le manuscrit 1147 de la Bibliothèque royale par J. -J. Sédillot, et publié par L. -Am. Sédillot*, 2 volumes. Paris: Imprimerie Royale.

Sédillot. 1841. *Mémoire sur les instruments astronomiques des Arabes*. Paris: Imprimerie Royale.

Sédillot. 1847. *Prolégomènes des tables astronomiques d'Oloug-Beg, publiés avec notes et variantes et précédés d'une introduction*. Paris: Didot frères.

Smith, A. Mark. 2015. *From Sight to Light: The Passage from Ancient to Modern Optics*. Chicago: University of Chicago Press.

Smith, Pamela. 2006. *The Body of the Artisan: Art and Experience in the Scientific Revolution*. Chicago: University of Chicago Press.

Subrahmanyam, Sanjay. 2012. *Courtly Encounters: Translating Courtliness and Violence in Early Modern Eurasia*. Cambridge, MA: Harvard University Press.

Suh, Soyoung. 2008. "Herbs of our own kingdom: Layers of the 'local' in the materia medica of Chosŏn Korea." *Asian Medicine: Tradition and Modernity*, 4, No. 2: 395 -422.

Suh, Soyoung. 2013. "A Chosŏn Korea medical synthesis: Hŏ Chun's *Precious Mirror of Eastern Medicine*." In *Chinese Medicine and Healing: An Illustrated History*, edited by T. J. Hinrichs and Linda L. Barnes, 137-9. Cambridge, MA: Belknap Press.

Unschuld, Paul U. 2003. *Huang Di Nei Jing Su Wen: Nature, Knowledge, Imagery in an Ancient Chinese Medical Text*. Berkeley: University of California Press.

Unschuld, Paul U., Hermann Tessenow, and Jinsheng Zheng. 2011. *Huang Di Nei Jing Su Wen: An Annotated Translation of Huang Di's Inner Classic- Basic Questions*. Berkeley: University of California Press.

Vande Walle, Willy, and Kazuhiko Kazaya (eds.) 2001. *Dodonaeus in Japan: Translation and the Scientific Mind in the Tokugawa Period*. Leuven: Leuven University Press.

Wardy, Robert. 2000. *Aristotle in China: Language, Categories and Translation*. Cambridge: Cambridge University Press.

Wright, David. 2000. *Translating Science: The Transmission of Western Chemistry into Late Imperial China*, 1840-1900. Leiden: Brill.

Wu, Shellen Xiao. 2015. *Empires of Coal: Fueling China's Entry into the Modern World Order*, 1860-1920. Stanford: Stanford University Press.

Yucesoy, Hayrettin. 2009. "Translation as self-consciousness: Ancient sciences, antediluvian wisdom, and the 'Abbasid translation movement." *Journal of World History*, 20: 523-57.

Zaydan, Jirji. 1886. *al-Falsafa al-lughawiya wa al-alfaẓ al-'Arabiya*. Beirut: n. p.

Zaydan, Jirji. 1904. *al-Lugha al-'Arabiya*. Cairo: Dar al-Hilal.

Zaydan, Jirji. 1982. *Tarikh al-'Arab qabl al-Islam*. In *Mu'allifat Jirji Zaydan*, 21 volumes. Beirut: Dar al-Jil, vol. 10.
Zhan, Mei. 2009. *Other - Worldly: Making Chinese Medicine Through Transnational Frames*. Durham, NC: Duke University Press.

第五章

Allen, Bryce, Qin Jian, and F. W. Lancaster. 1994. "Persuasive communities: A longitudinal analysis of references in the *Philosophical Transactions of the Royal Society*, 1665–1990." *Social Studies of Science*, 24, No. 2: 279–310.
Atkinson, Dwight. 1998. *Scientific Discourse in Sociohistorical Context: The* Philosophical Transactions of the Royal Society of London, *1675–1975*. London: Routledge.
Babbage, Charles. 1830. *Reflections on the Decline of Science in England*. London: Fellowes.
Baldwin, Melinda. 2014. "Tyndall and Stokes: Correspondence, referee reports and the physical sciences in Victorian Britain." In *The Age of Scientific Naturalism: Tyndall and his Contemporaries*, edited by Bernard Lightman and Michael S. Reidy, 171–86. London: Pickering & Chatto.
Baldwin, Melinda. 2015. *Making "Nature": The History of a Scientific Journal*. Chicago: University of Chicago Press.
Bazerman, Charles. 1988. *Shaping Written Knowledge: The Genre and Activity of the Experimental Article in Science*. Madison: University of Wisconsin Press.
Bensaude-Vincent, Bernadette and Christine Blondel. 2008. *Science and Spectacle in the European Enlightenment*. Aldershot: Ashgate.
Bowler, Peter J. 2009. *Science for All: The Popularization of Science in Early Twentieth-century Britain*. Chicago: University of Chicago Press.
Brock, William H. 1984. "Brewster as scientific journalist." In *'Martyr of Science': Sir David Brewster, 1781–1863; Proceedings of a Bicentennial Symposium*, edited by Alison Morison Low and John R. R. Christie, 37–44. Edinburgh: Royal Scottish Museum.
Brock, William H. and A. J. Meadows. 1998. *The Lamp of Learning: Taylor & Francis and the Development of Science Publishing*. London: Taylor & Francis.
Brockliss, Laurence. 2002. *Calvet's Web: Enlightenment and the Republic of Letters in Eighteenth-Century France*. Oxford: Oxford University Press.
Broman, Thomas. 1998. "The Habermasian public sphere and 'Science *in* the Enlightenment'." *History of Science*, 36: 123–49.
Broman, Thomas. 2000. "Periodical literature." In *Books and the Sciences in History*, edited by Marina Frasca-Spada and Nicholas Jardine, 225–38. Cambridge: Cambridge University Press.
Broman, Thomas. 2013. "Criticism and the circulation of news: The scholarly press in the late seventeenth century." *History of Science*, 51: 125–50.
Cantor, Geoffrey, Gowan Dawson, Graeme Gooday, Richard Noakes, Sally Shuttleworth,

and Jonathan R. Topham. 2004. *Science in the Nineteenth-Century Periodical*. Cambridge: Cambridge University Press.

Cantor, Geoffrey and Sally Shuttleworth. 2004. *Science Serialized: Representations of the Sciences in Nineteenth-century Periodicals*. Cambridge, MA: MIT Press.

Catalogue of Scientific Papers [*first series*]. 1867-72. Edited by Henry White. 6 vols. London: Royal Society.

Costa, Shelley. 2002. "The 'Ladies' Diary': Gender, mathematics, and civil society in early eighteenth-century England." *Osiris*, 17: 49-73.

Cronin, Blaise, and Helen Barsky Atkins. 2000. *The Web of Knowledge: A Festschrift in honor of Eugene Garfield*, ASIS&T Monograph Series. Medford, NJ: Information Today.

Csiszar, Alex. 2010. "Seriality and the search for order: Scientific print and its problems during the late nineteenth century." *History of Science*, 48: 399-434.

Daum, Andreas W. 1998. *Wissenschaftspopularisierung im 19. Jahrhundert: Bürgerliche Kultur, naturwissenschaftliche Bildung und die deutsche Öffentlichkeit, 1848 – 1914* [*Popularizing Science in the Nineteenth Century: Civil Culture, Scientific Education, and the Public Sphere in Germany, 1848-1914*]. Munich: Oldenbourg Wissenschaftsverlag.

Despaux, Sloan Evans. 2011. "Fit to print? Referee reports on mathematics for the nineteenth century journals of the Royal Society of London." *Notes & Records of the Royal Society*, 65: 233-52.

Elman, Benjamin. *On Their Own Terms: Science in China, 1500 – 1900*. Cambridge, MA: Harvard University Press, 2005.

Fox, Robert. 2012. *The Savant and the State: Science and Cultural Politics in Nineteenth-Century France*. Baltimore: John Hopkins University Press.

Fyfe, Aileen. 2005. "Conscientious workmen or booksellers' hacks The professional identities of science writers in the mid-nineteenth century." *Isis*, 96: 192-223.

Fyfe, Aileen. 2012. *Steam-Powered Knowledge: William Chambers and the business of publishing, 1820-1860*. Chicago: University of Chicago Press.

Fyfe, Aileen. 2015. "Journals, learned societies and money: *Philosophical Transactions*, ca. 1750-1900." *Notes & Records*, 69: 277-299.

Golinski, Jan. 1992. *Science as Public Culture: Chemistry and Enlightenment in Britain, 1760-1820*. Cambridge: Cambridge University Press.

Gross, Alan G., Joseph E. Harmon, and Michael S. Reidy. 2002. *Communicating Science: The Scientific Article from the Seventeenth Century to the Present*. New York: Oxford University Press.

Gunergun, Feza. 2003. "Le premier journal pharmaceutique publié en langue Turque: *Eczacı*(1911-1914)." Paper read at 36th International Congress of History of Pharmacy, September 24-27, 2003, at Sinai/Romania.

Gunergun, Feza. 2007. "Matematiksel bilimlerde ilk Türkçe dergi: *Mebahis-i İlmiye*,

1867–69 ("An early Turkish journal on mathematical sciences: Mebahis – i İlmiye, 1867–69")." Osmanlı Bilimi Araştırmaları/ Studies in Ottoman Science, 8, No. 2: 1–42.

Henson, Louise, Geoffrey Cantor, and Sally Shuttleworth (eds.) 2004. *Culture and Science in the Nineteenth-Century Media*. Aldershot: Ashgate.

Johns, Adrian. 1998. *The Nature of the Book: Print and Knowledge in the Making*. Chicago: University of Chicago Press.

Johns, Adrian. 2000. "Miscellaneous methods: Authors, societies and journals in early modern England." *British Journal for the History of Science*, 33, No. 2: 159–86.

Kohlstedt, Sally Gregory. 1980. "Science: The struggle for survival, 1880 to 1994." *Science*, 209, No. 4452: 33–42.

Kronick, David A. 1976. *A History of Scientific & Technical Periodicals: The Origins and Development of the Scientific and Technical Press*, 1665–1790. Metuchen, NJ: Scarecrow Press.

Kronick, David A. 1978. "Authorship and authority in the scientific periodicals of the seventeenth and eighteenth centuries." *Library Quarterly*, 48, No. 3: 225–75.

Manzer, Bruce M. 1977. *The Abstract Journal 1792–1920: Origin, Development and Diffusion*. Metuchen, NJ: Scarecrow Press.

McClellan III, James. 1979. "The scientific press in transition: Rozier's Journal and the scientific societies in the 1770s." *Annals of Science*, 36, No. 5: 425–49.

McClellan III, James. 2003. "Specialist control: The Publications Committee of the Académie Royale des Sciences (Paris), 1700–1793." *Transactions of the American Philosophical Society*, 93, No. 3: 1–134.

Meadows, Arthur Jack (ed.) 1980a. *The Development of Science Publishing in Europe*. Amsterdam: Elsevier.

Meadows, Arthur Jack. 1980b. "European science publishing and the United States." In *The Development of Science Publishing in Europe*, edited by A. J. Meadows, 237–50. Amsterdam: Elsevier.

Moxham, Noah. 2015. "Fit for print: developing an institutional model for scientific periodical publishing in England, 1665–ca. 1714." *Notes & Records*, 69: 241–260.

Nelkin, Dorothy. 1995. *Selling Science: How the Press Covers Science and Technology*. Revised edition. New York: W. H. Freeman.

Papanelopoulou, F., A. Nieto-Galan, and E. Perdiguero. 2009. *Popularizing Science and Technology in the European Periphery*, 1800–2000. Aldershot: Ashgate.

Pettegree, Andrew. 2014. *The Invention of News: How the World Came to Know About Itself*. New Haven, CT: Yale University Press.

Proceedings of the Academy of Natural Sciences of Philadelphia. 1877. Philadelphia: Academy of Natural Sciences.

Qin, Jian. 1994. "An investigation of research collaborations in the sciences through the *Philosophical Transactions*, 1901–1991." *Scientometrics*, 29, No. 2: 219–38.

Secord, James A. 2009. "Publishing science, technology and mathematics." In *The His-*

tory of the Book in Britain, vol. 6: 1830–1914, edited by David McKitterick, 443–74. Cambridge: Cambridge University Press.

Sheets-Pyenson, Susan. 1981. "From the North to Red Lion Court: The creation and early years of the *Annals of Natural History*." *Archives of Natural History*, 10: 221–49.

Sheets-Pyenson, Susan. 1985. "Popular science periodicals in Paris and London: The emergence of a low scientific culture, 1820–75." *Annals of Science*, 42: 549–72.

Sherrington, Charles. 1934. "Language distribution of scientific periodicals." *Nature*, 134 (20 October): 625.

Sioussat, George L. 1949. "The 'Philosophical Transactions' of the Royal Society in the libraries of William Byrd of Westover, Benjamin Franklin, and the American Philosophical Society." *Proceedings of the American Philosophical Society*, 93, No. 2: 99–113.

Stewart, Larry. 1992. *The Rise of Public Science: Rhetoric, Technology and Natural Philosophy in Newtonian Britain*, 1660–1750. Cambridge: Cambridge University Press.

Topham, Jonathan R. 2009. "Scientific books, 1800–1830." In *The Cambridge History of the Book in Britain, Vol. 5*, 1695–1830, edited by Michael Turner and Michael Suarez, 827–33. Cambridge: Cambridge University Press.

Vandome, R. 2013. "The Advancement of Science: James McKeen Cattell and the networks of prestige and authority, 1894–1915." *American Periodicals*, 23, No. 2: 172–87. doi: 10.1353/amp.2013.0011

van Leeuwen, J. K. W. 1980. "The decisive years for international science publishing in the Netherlands after the Second World War." In *The Development of Science Publishing in Europe*, edited by A. J. Meadows, 251–67. Amsterdam: Elsevier.

Wang, Zuoyue. 2002. "Saving China through science: The Science Society of China, scientific nationalism, and civil society in Republican China." *Osiris*, 17: 291–322.

Watts, I. 2014. "'We Want No Authors': William Nicholson and the contested role of the scientific journal in Britain, 1797–1813." *British Journal for the History of Science*, 47, No. 3: 397–419. doi: 10.1017/S0007087413000964

Wigelsworth, Jeffrey R. 2010. *Selling Science in the Age of Newton: Advertising and the Commoditization of Knowledge*. Aldershot: Ashgate.

Zuckerman, Harriet, and Robert K Merton. 1971. "Patterns of evaluation in science: Institutionalisation, structure and functions of the referee system." *Minerva*, 9, No. 1: 66–100.

第六章

Bachelard, Gaston. 2002[1938]. *The Formation of the Scientific Mind: A Contribution to a Psychoanalysis of Objective Knowledge*. Manchester: Clinamen Press.

Bensaude-Vincent, Bernadette, Antonio García-Belmar, and José Ramón Bertomeu. 2003. *L'émergence d'une science des manuels: les livres de chimie en France (1789–1852)*. Paris: Éditions des archives contemporaines.

Bertomeu, José Ramón, Antonio García-Belmar, Anders Lundgren, and Manolis Patiniotis (eds.) 2006. " *Textbooks in the scientific periphery.* " Science and Education, 15: 657-880.

Blair, Ann. 2008. "Student manuscripts and the textbook." In *Scholarly Knowledge: Textbooks in Early Modern Europe*, edited by Emidio Campi, Simone De Angelis, Anja-Sylvia Goeing, and Anthony Grafton, 39-73. Geneva: Librairie Droz.

Blondel-Mégrelis, Marika. 2000. "Berzelius's textbook: In translation and multiple editions, as seen through his correspondence." In *Communicating Chemistry: Textbooks and Their Audiences*, 1789-1939, edited by Anders Lundgren and Bernadette Bensaude-Vincent, 233-54. Canton: Science History Publications.

Brush, Stephen G. 1976. *The Kind of Motion We Call Heat: A History of the Kinetic Theory of Gases in the 19th Century* . Amsterdam: North-Holland Publishing.

Brush, Stephen G. 2002. "How theories became knowledge: Morgan's chromosome theory of heredity in America and Britain." *Journal of the History of Biology*, 35: 471-535.

Choppin, Alain. 1992. *Les manuels scolaires: histoire et actualité.* Paris: Hachette.

Collins, Harry and Robert Evans. 2007. *Rethinking Expertise.* Chicago: University of Chicago Press.

Fleck, Ludwik. 1979[1935]. *Genesis and Development of a Scientific Fact.* Chicago: The University of Chicago Press.

Fyfe, Aileen. 2002. "Publishing and the classics: Paley's Natural Theology and the nineteenth century scientific canon." *Studies in History and Philosophy of Science* , 33: 729-51.

García-Belmar, Antonio. 2006. " The didactic uses of experiment: Louis Jacques Thenard's lectures at theCollège de France." In *Science, Medicine and Crime: Mateu Orfila (1787-1853) and His Times*, edited by José Ramón Bertomeu and Agustí Nieto-Galan, 25-53. Canton: Watson Publishing.

García-Belmar, Antonio, José Ramón Bertomeu, and Bernadette Bensaude-Vincent. 2005. "The power of didactic writings: French chemistry textbooks of the nineteenth century." In *Pedagogy and the Practice of Science. Historical and Contemporary Perspectives*, edited by David Kaiser, 219-51. Cambridge: MIT Press.

Gingerich, Owen. 1988. "Sacrobosco as a textbook." *Journal for the History of Astronomy*, 19: 269-73.

Gingerich, Owen. 2004. *The Book Nobody Read: Chasing the Revolutions of Nicolaus Copernicus.* New York: Walker.

Gordin, Michael. D. 2012. "Translating textbooks: Russian, German, and the language of chemistry." *Isis*, 103: 88-98.

Hannaway, Owen. 1975. *The Chemists and the Word: The Didactic Origins of Chemistry.* Baltimore: The John Hopkins University Press.

Haupt, Bettina. 1987. *Deutschsprachige Chemielehrbücher (1775 - 1850).* Stuttgart: Deutscher Apotheker Verlag.

Holmes, Frederic L. 1987. "Scientific writing and scientific discovery." *Isis* , 78: 220-

35.
Holmes, Frederic L. 1989. "The complementarity of teaching and research in Liebig's Laboratory." *Osiris*, 5: 121-64.

Hopwood, Nick. 2015. *Haeckel's Embryos: Images, Evolution, and Fraud.* Chicago: University of Chicago Press.

Kaiser, David. 2005a. *Drawing Theories Apart: The Dispersion of Feynman Diagrams in Postwar Physics.* Chicago: The University of Chicago Press.

Kaiser, David. 2005b. "Training and the generalist's vision in the history of science." *Isis*, 96: 244-51.

Kaiser, David. 2007. "Turning physicists into quantum mechanics." *Physics World*, 20 (May): 28-33.

Kohlstedt, Sally Gregory. 2010. *Teaching Children Science: Hands-On Nature Study in North America, 1890-1930.* Chicago: University of Chicago Press.

Kuhn, Thomas S. 1962. *The Structure of Scientific Revolutions.* Chicago: University of Chicago Press.

Kuhn, Thomas S. 1963. "The function of dogma in scientific research." In *Scientific Change*, edited by A. C. Crombie, 347-69. New York: Basic Books.

Ladouceur, Ronald P. 2008. "Ella Thea Smith and the lost history of American high school biology textbooks." *Journal of the History of Biology*, 41: 435-71.

Lind, Gunter. 1992. *Physik im Lehrbuch, 1700-1850. Zur Geschichte der Physik und ihrer Didaktik in Deutschland.* Berlin: Springer-Verlag.

Lundgren, Anders and Bernadette Bensaude-Vincent (eds.) 2000. *Communicating Chemistry: Textbooks and Their Audiences, 1789-1939.* Canton: Science History Publications.

Mollier, Jean-Yves. 1988. *L'argent et les lettres: histoire du capitalisme d'edition, 1880-1920.* Paris: Fayard.

Myers, Greg. 1990. *Writing Biology: Texts in the Social Construction of Scientific Knowledge.* Madison: University of Wisconsin Press.

Nelkin, Dorothy. 1977. *Science Textbook Controversies and the Politics of Equal Time.* Cambridge, MA: MIT Press.

Olesko, Kathryn M. 1993. "Tacit knowledge and school formation." *Osiris*, 8: 16-29

Olesko, Kathryn M. 2005. "The foundations of a canon: Kohlrausch's Practical Physics." In *Pedagogy and the Practice of Science. Historical and Contemporary Perspectives*, edited by David Kaiser, 323-55. Cambridge, MA: MIT Press.

Olesko, Kathryn M. 2006. "Science pedagogy as a category of historical analysis: Past, present, and future." *Science and Education*, 15: 863-80.

Olesko, Kathryn M. 2014. "Science education in the historical study of the sciences." In *International Handbook of Research in History, Philosophy and Science Teaching*, edited by Michael R. Matthews, 1965-90. Amsterdam: Springer Verlag.

Park, Hyung Wook. 2008. "Edmund Vincent Cowdry and the making of gerontology as a multidisciplinary scientific field in the United States." *Journal of the History of Biology*, 41: 529–72.

Roldán Vera, Eugenia. 2003. *The British Book Trade and Spanish American Independence: Education and Knowledge Transmission in Transcontinental Perspective*. Aldershot: Ashgate.

Rudolph, John L. 2002. *Scientists in the Classroom: The Cold War Reconstruction of American Science Education*. New York: Palgrave.

Rudolph, John L. 2008. "Historical writing on science education: A view of the landscape." *Studies in Science Education*, 44: 63–82.

Sarton, George. 1948. "The study of early scientific textbooks." *Isis*, 38: 137–48.

Secord, James A. 2000. *Victorian Sensation: The Extraordinary Publication, Reception, and Secret Authorship of Vestiges of the Natural History of Creation*. Chicago: The University of Chicago Press.

Secord, James A. 2004. "Knowledge in transit." *Isis*, 95: 654–72.

Secord, James A. 2007. "Science." *Journal of Victorian Culture*, 12: 272–6.

Shapiro, Adam R. 2013. *Trying Biology: The Scopes Trial, Textbooks, and the Antievolution Movement in American Schools*. Chicago: University of Chicago Press.

Simon, Josep. 2009. "Circumventing the 'elusive quarries' of popular science: The communication and appropriation of Ganot's physics in nineteenth-century Britain." In *Popularizing Science and Technology in the European Periphery, 1800–2000*, edited by Faidra Papanelopoulou, Agustí Nieto-Galan, and Enrique Perdiguero, 89–114. Aldershot: Ashgate.

Simon, Josep. 2011. *Communicating Physics: The Production, Circulation and Appropriation of Ganot's Textbooks in France and England, 1851–1887*. London: Pickering & Chatto.

Simon, Josep. 2012. "Cross-national education and the making of science, technology and medicine." *History of Science*, 50: 251–6.

Simon, Josep. 2013a. "Physics textbooks and textbook physics in the nineteenth and twentieth century." In *The Oxford Handbook of the History of Physics*, edited by Jed Buchwald and Robert Fox, 651–78. Oxford: Oxford University Press.

Simon, Josep (ed.) 2013b. "Cross-national and comparative history of science education." *Science & Education*, 22: 763–866.

Simon, Josep. 2015. "History of science." In *Encyclopedia of Science Education*, edited by Richard Gunstone, 456–9. Dordrecht: Springer Verlag.

Simon, Josep and Néstor Herran. 2008. "Introduction." In *Beyond Borders: Fresh Perspectives in History of Science*, edited by Josep Simon and Néstor Herran, 1–23. Newcastle: Cambridge Scholars Publishing.

Skopek, Jeffrey M. 2011. "Principles, exemplars, and uses of history in early 20th century genetics." *Studies in History and Philosophy of Biological and Biomedical Sciences*, 42: 210–25.

Topham, Jonathan. 1992. "Science and popular education in the 1830s: The role of the

Bridge Water treatises." *British Journal for the History of Science*, 25: 397-430.

Topham, Jonathan. 2000. "Scientific publishing and the reading of science in nineteenth -century Britain: A historiographical survey and guide to sources." *Studies in History and Philosophy of Science*, 31: 559-612.

Topham, Jonathan. 2011. "Science, print, and crossing borders: Importing French science books into Britain, 1789-1815." In *Geographies of Nineteenth Century Science*, edited by David N. Livingstone and Charles W. J. Withers, 311-44. Chicago: University of Chicago Press.

Warwick, Andrew. 2003a. *Masters of Theory: Cambridge and the Rise of Mathematical Physics*. Chicago: Chicago University Press.

Warwick, Andrew. 2003b. "'A very hard nut to crack' or making sense of Maxwell's treatise on electricity and magnetism in mid-Victorian Cambridge." In *Scientific Authorship: Credit and Intellectual Property in Science*, edited by Mario Biagioli and Peter Galison, 133-61. New York: Routledge.

Warwick, Andrew and David Kaiser. 2005. "Conclusion: Kuhn, Foucault, and the power of pedagogy." In *Pedagogy and the Practice of Science. Historical and Contemporary Perspectives*, edited by David Kaiser, 393-409. Cambridge, MA: MIT Press.

Whitley, Richard. 1985. "Knowledge producers and knowledge acquirers: Popularisation as a relation between scientific fields and their publics." In *Expository Science: Forms and Functions of Popularisation*, edited by Terry Shinn and Richard Whitley, 3-30. Dordrecht: D. Reidel.

第七章

Anon. 1857. *Scientific America*, 8: 17.

Anon. 1876a. "Professor Huxley's first lecture." *New York Herald*, September 19, p. 6.

Anon. 1876b. "Prof. Huxley's first lecture." *The Sun*, September 19, p. 2.

Bensaude-Vincent, Bernadette, and Christine Blondel (eds.) 2008. *Science and Spectacle in the European Enlightenment*. Aldershot: Ashgate.

Bolter, Jay David, and Richard Grusin. 2000. *Remediation: Understanding New Media*. Cambridge, MA: MIT Press.

Cantor, Geoffrey. 1991. "Educating the judgment: Faraday as a lecturer." *Bulletin for the History of Chemistry*, 11: 28-36.

Desmond, Adrian. 1997. *Huxley: From Devil's Disciple to Evolution's High Priest*. Reading, MA: Helix Books.

DeYoung, Ursula. 2011. *A Vision of Modern Science: John Tyndall and the Role of the Scientist in Victorian Culture*. New York: Palgrave Macmillan.

Faraday, Michael. 1818. *Common-place book*. Vol. 1. Institution of Engineering and Technology Archives.

Findlen, Paula. 1993. "Science as a career in Enlightenment Italy: The strategies of Laura Bassi." *Isis*, 84, No. 3: 441-69.

Finnegan, Diarmid A. 2011. "Placing science in an age of oratory: spaces of scientific speech in mid-Victorian Edinburgh." In *Geographies of Nineteenth-Century Science*, edited by David N. Livingstone and Charles W. J. Withers, 153-77. Chicago: University of Chicago Press. Forgan, Sophie. 1986. "Context, image and function: A preliminary enquiry into the architecture of scientific societies." *British Journal for the History of Science*, 19: 89-113.
Frieson, Norm. 2011. "The lecture as a transmedial pedagogical form: A historical analysis." *Educational Researcher*, 40: 95-102.
Goffman, Erving. 1981. *Forms of Talk*. Oxford: Blackwell.
Golinski, Jan. 2005. *Making Natural Knowledge: Constructivism and the History of Science*, new edition. Chicago: University of Chicago Press.
Golinski, Jan. 2008. "Joseph Priestley and the chemical sublime." In *Science and Spectacle in the European Enlightenment*, edited by Bernadette Bensaude-Vincent and Christine Blondel, 117-27. Aldershot: Ashgate.
Golinski, Jan. 2011. "Humphry Davy: The experimental self." *Eighteenth-Century Studies*, 45: 15-28.
Grafton, Anthony. 2003. "Classrooms and libraries." In *The Cambridge History of Science. Volume 3: Early Modern Science*, edited by Katharine Park and Lorraine Daston, 238-50. Cambridge: Cambridge University Press.
Henry, Joseph. 1886. *Scientific Writings of Joseph Henry*, vol. 2. Washington: Smithsonian Institution.
Hewitt, Martin. 2012. "Beyond scientific spectacle." In *Popular Exhibitions, Science and Showmanship, 1840-1910* edited by Joe Kember, John Plunkett, and Jill A. Sullivan, 79-97. London: Pickering & Chatto.
Higgitt, Rebekah, and Charles W. J. Withers. 2008. "Science and sociability: Women as audience at the British Association for the Advancement of Science, 1831-1901." *Isis*, 99: 1-27.
Huxley, Leonard. 1908. *Life and Letters of Thomas Henry Huxley*, vol. 3. London: Macmillan.
Huxley, Thomas Henry. 1893. *Selected Works*, vol. 1. New York: Appleton.
Huxley, Thomas Henry. 1894. *Discourses Biological and Geological*. London: Macmillan.
James, Frank A. J. L. (ed.) 1991. *Correspondence of Michael Faraday*, vol. 1. London: Institution of Electrical Engineers.
James, Frank A. J. L. (ed.) 2008. *Correspondence of Michael Faraday*, vol. 5. London: Institution of Electrical Engineers.
Klestinec, Cynthia. 2011. *Theaters of Anatomy: Students, Teachers, and Traditions of Dissection in Renaissance Venice*. Baltimore: Johns Hopkins University Press.
Lightman, Bernard. 2004. "Scientists as materialists in the periodical press: Tyndall's Belfast address." In *Science Serialized*, edited by Geoffrey Cantor and Sally Shuttleworth, 199-237. Cambridge, MA: MIT Press.

Lightman, Bernard. 2007. *Victorian Popularizers of Science: Designing Nature for New Audiences*. Chicago: University of Chicago Press.

Lightman, Bernard, Gordon McOuat, and Larry Stewart (eds.) 2013. *The Circulation of Knowledge between Britain, India and China*. Leiden: Brill.

Livingstone, David N. 2007. "'Science, site and speech: Scientific knowledge and the spaces of rhetoric." *History of the Human Sciences*, 20: 71-98.

Livingstone, David N. 2014. *Dealing with Darwin: Place, Politics and Rhetoric in Religious Engagements with Evolution*. Baltimore: Johns Hopkins University Press.

Lonsdale, Henry. 1870. *A Sketch of the Life and Writings of Robert Knox*. London: Macmillan.

Lucier, Paul. 2009. "The professional and the scientist in nineteenth-century America." *Isis*, 100: 699-732.

Morus, Iwan R. 1998. *Frankenstein's Children: Exhibition, Electricity and Experiment in Early Nineteenth Century London*. Princeton, NJ: Princeton University Press.

Morus, Iwan R. 2007. "'More the aspect of magic than anything natural': The philosophy of demonstration." In *Science in the Marketplace: Nineteenth-Century Sites and Experiences*, edited by Bernard Lightman and Aileen Fyfe, 336-70. Chicago: University of Chicago Press. Morus, Iwan R. 2010. "Worlds of wonders: Sensation and the Victorian scientific performance." *Isis*, 101: 806-16.

O'Connor, Ralph. 2007. *The Earth on Show: Fossils and the Poetics of Popular Science, 1802-1856*. Chicago: University of Chicago Press.

Ong, Walter J. 1974. "Agonistic structures in academic life: past to present." *Daedulus*, 103: 229-38.

Phillips, Denise. 2012. *Acolytes of Nature: Defining Natural Science in Germany, 1770-1850*. Chicago: University of Chicago Press.

Porter, Roy. 1995. "Medical lecturing in Georgian London." *British Journal for the History of Science*, 28, No. 1: 91-9.

Schaffer, Simon. 1983. "Natural philosophy and public spectacle in the 18th century." *History of Science*, 21: 1-43.

Schaffer, Simon. 2012. "Transport phenomena: Space and visibility in Victorian physics." *Early Popular Visual Culture*, 10, No. 1: 71-91.

Secord, James A. 2014. *Visions of Science: Books and Readers at the Dawn of the Victorian Age*. Oxford: Oxford University Press.

Skouen, Tina. 2011. "Science versus rhetoric? Sprat's *History of the Royal Society* reconsidered." *Rhetorica: A Journal of the History of Rhetoric*, 29, No. 1: 23-52.

Smart, Benjamin H. 1819. *The Theory of Elocution*. London: John Richardson.

Sprat, Thomas. 1667. *The History of the Royal Society of London*. London.

Stewart, Larry. 1993. *The Rise of Public Science: Rhetoric, Technology and Natural Philosophy in Newtonian Britain, 1660-1750*. Cambridge: Cambridge University Press.

Watt-Smith, Tiffany. 2013. "Cardboard, conjuring and a 'very curious experiment'." *Interdisciplinary Science Reviews*, 38: 306-20.

White, Paul. 2003. *Thomas Huxley: Making the Man of Science*. Cambridge: Cambridge University Press.

第八章

Bazin, André. 1960. "The ontology of the photographic image." *Film Quarterly*, 13: 4-9.

Bellows, Andy M., and Marina McDougall (eds.) 2000. *Science Is Fiction: The Films of Jean Painlevé*. Cambridge, MA: MIT Press.

Boon, Tim. 2008. *Films of Fact: A History of Science in Documentary Films and Television*. London: Wallflower Press.

Bousé, Derek. 2000. *Wildlife Films*. Philadelphia: University of Pennsylvania Press.

Canales, Jimena. 2002. "Photogenic Venus: The 'cinematographic turn' and its alternatives in nineteenth-century France." *Isis*, 93: 585-613.

Cartwright, Lisa. 1995. *Screening the Body: Tracing Medicine's Visual Culture*. Minneapolis: University of Minnesota Press.

Curtis, Scott. 2013. "Science lessons." *Film History*, 25: 5-54.

Davies, Gail. 2000. "Science, observation and entertainment: Competing visions of postwar British natural history television, 1946-1967." *Ecumene*, 7: 432-60.

Farry, James, and David A. Kirby. 2012. "The universe will be televised: Space, science, satellites and British television production, 1946-69." *History and Technology*, 28: 311-33.

Frayling, Christopher. 2005. *Mad, Bad and Dangerous? The Scientist and the Cinema*. London: Reaktion.

Gaycken, Oliver. 2015. *Devices of Curiosity: Early Cinema and Popular Science*. Oxford: Oxford University Press.

Griffiths, Alison. 2002. *Wondrous Difference: Cinema, Anthropology, and Turn-of-the-Century Visual Culture*. New York: Columbia University Press.

Gunning, Tom. 1990. "The cinema of attraction: Early film, its spectator and the avant-garde." In *Early Cinema*, edited by Thomas Elsaesser, 56-75. London: British Film Institute.

Jones, Allan. 2012. "Mary Adams and the producer's role in early BBC science broadcasts." *Public Understanding of Science*, 21: 968-83.

Jones, Allan. 2013. "Clogging the machinery: The BBC's experiment in science coordination, 1949-1953." *Media History*, 19: 436-49.

Jones, Allan. 2014. "Elite science and the BBC: A 1950s contest of ownership." *British Journal for the History of Science*, 47, No. 4: 701-23.

Katz-Kimchi, Merav. 2012. "Screening science, producing the nation: Popular science programs on Israeli television (1968-88)." *Media, Culture & Society*, 34: 519-36.

Kirby, David A. 2011. *Lab Coats in Hollywood: Science, Scientists, and Cinema*. Cambridge, MA: MIT Press.

LaFollette, Marcel C. 2002. "A survey of science content in US radio broadcasting, 1920s through 1940s: Scientists speak in their own voices." *Science Communication*, 24: 4-32.
LaFollette, Marcel C. 2008. Sc *ience on the Air: Popularizers and Personalities on Radio and Early Television*. Chicago: University of Chicago Press.
LaFollette, Marcel C. 2013. *Science on American Television: A History*. Chicago: University of Chicago Press.
Landecker, Hannah. 2006. "Microcinematography and the history of science and film." *Isis*, 97: 121-32.
Lee, Dong-Ho. 2003. "A local mode of programme adaptation: South Korea in the global television format business." In *Television Across Asia: TV Industries, Programme Formats and Globalisation*, edited by Albert Moran and Michael Keane, 36-53. London: Routledge.
Mitman, Gregg. 1999. *Reel Nature: America's Romance with Wildlife on Film*. Cambridge, MA: Harvard University Press.
Ostherr, Kirsten. 2013. *Medical Visions: Producing the Patient Through Film, Television and Imaging Technologies*. Oxford: Oxford University Press.
Pernick, Martin. 1996. *The Black Stork: Eugenics and the Death of "Defective" Babies in American Medicine and Motion Pictures Since* 1915. Oxford: Oxford University Press.
Pierson, Michele. 2002. *Special Effects: Still in Search of Wonder*. New York: Columbia University Press. Poindexter, David. 2004. "A history of entertainment education, 1958-2000." In *Entertainment-Education and Social Change: History, Research, and Practice*, edited by Arvind Singhal, Michael Cody, Everett Rogers, and Miguel Sabido, 21-37. Mahwah, NJ: Lawrence Erlbaum.
Rinks, J. Wayne. 2002. "Higher education in radio 1922-1934." *Journal of Radio Studies*, 9: 303-16.
Sargeant, Amy. 2000. *Vsevolod Pudovkin: Classic Films of the Soviet Avant-Garde*. London: I. B. Tauris.
Slotten, Hugh. 2006. "Universities, public service radio and the 'American system' of commercial broadcasting, 1921-40." *Media History*, 12: 253-72.
Streeter, Thomas. 1996. *Selling the Air: A Critique of the Policy of Commercial Broadcasting in the United States*. Chicago: University of Chicago Press.
Terzian, Sevan. 2008. "'Adventures in science': Casting scientifically talented youth as nationalresources on American radio, 1942-1958." *Paedagogica Historica*, 44: 309-25.
Tosi, Virgilio. 2005. *Cinema Before Cinema: The Origins of Scientific Cinematography*. London: British Universities Film & Video Council.
Tsivian, Yuri. 1996. "Media fantasies and penetrating vision: Some links between X-rays, the microscope, and film." In *Laboratory of Dreams*, edited by John Bowlt and Olga Matich, 81-99. Stanford, CA: Stanford University Press.
Turow, Joseph. 2010. *Playing Doctor: Television, Storytelling, & Medical Power*. Second edition. Ann Arbor, MI: University of Michigan Press.